내 아이의 생각을 키우는

초등 철학수업

파스칼에게

모든 학부모와 교육자에게

아이들과 나누는 대화를 통해 평화의 길을 열길 원하는 사람들에게

"전쟁은 인간의 마음에서 비롯된 것이므로,

평화를 지키는 일도 인간의 마음에서 비롯되어야 한다."

— 유네스코 헌장 서문

내 아이의 생각을 키우는

초등 철학수업

미셸 토치, 마리 질베르 지음 | 박지민 옮김

레몬한스푼

추천사

자녀가 자기 자신으로 살 수 있게 도우려는 모든 부모의 동반자가 되길 기대하며

자녀는 삶과 세계에 관해 심오한 질문을 던지고는 합니다. “최초의 인간에게도 엄마가 있었을까요?” “세상에는 왜 나쁜 사람들이 있어요?” “사랑한다는 걸 어떻게 알아요?” 등등이지요. 부모라면 아무리 복잡하고 섬세하고 염려되는 질문일지라도 자녀와 함께 이처럼 위대한 질문에 대해 말해야 할 의무가 있습니다.
그런데 어떻게 하면 자녀에게 이 어려운 대화의 길을 안내하고, 자신만의 생각을 갖출 수 있도록 도울 수 있을까요? 가정과 학교에서 이루어지는 철학수업은 이러한 대화를 시작하는 아주 훌륭한 방법입니다.

이미 여러 학교에서는 윤리 및 시민교육 프로그램(Enseignement Moral et Civique, EMC)을 통해 책임 있는 시민을 길러내고 엄격하게 사고하는 방법을 배울 수 있도록 '철학적 토론'을 권고하고 있습니다.

또한 국제적으로도 오래전부터 유네스코가 유년기부터 시작하는 철학 실천의 중요성을 내세우며 이를 지원하고 있습니다. 이 밖에도 유네스코에서는 2016년 프랑스 낭트대학교에 '자녀와 함께하는 철학수업: 문화 간 대화와 사회 변혁을 위한 교육 기반'에 대한 강좌를 개설한 바 있습니다.

이 책 『내 아이의 생각을 키우는 초등 철학수업』은 부모와 자녀가 함께 이야기 듣기와 질문하기를 통해 대화와 토론의 장으로 들어가도록 이끌어줍니다. 이 과정에서 중요한 것은 '성찰'의 시간을 갖는 것입니다. 아이는 질문에 답하기 위해 부모와 함께 정보를 검색하거나 책을 찾아보거나 훌륭한 인물들의 조언을 접하는 과정에서 스스로 생각하는 힘을 키워갑니다.

저는 '어린이를 위한 문학과 철학' 연구를 진행하며 자녀와 형이상학적 질문을 다루기 위한 매개체로서 신화, 동화, 우화 등 이야기가 지닌 중요성을 자주 강조해왔습니다. 이야기를 읽는다는 것은 질문과 일정한 거리를 두고, 감정의 과잉을 조절함으로써 생각을 정리하고 자신의 의견을 말할 수 있게 해줍니다. 가상의 인물과 상황에 대해 이야기하면 더 편안하고 차분하게 대화할 수 있습니다.

일련의 테러 사건이 일어날 때마다 자녀의 비판적 사고 함양에 대한 중요성이 다시금 부각되곤 합니다. 시민 자격, 박애 정신, 열린 사고에 대한 교육은 가정과 학교가 아니고는 수행할 수 없습니다.

이 책을 통해 학부모와 교사는 인간 조건에 대한 근본적인 질문에 대해 성찰하고, 영상, 사진, 동화 등 다양한 매체를 활용해 이 문제를 자녀와 함께 차분히 다뤄볼 수 있습니다.

미셸 토치(Michel Tozzi)는 여러 학교와 도시에서 자녀와 함께하는 철학을 발전시키고 이를 제도화하는 선구자 역할을 수행했습니다. 그는 훌륭한 철학 교육 교수로서 이 주제에 대한 수많은 논문을 지도하고, 전 세계 어린이 철학 교육 실천가와 학자로 이루어진 협력 네트워크를 조직하였습니다. 또한 20년 넘게 이 주제에 관한 도전적이고 진취적인 실천 방법을 이끌어내 눈에 띄는 효과를 거둠으로써, 유네스코 헌장의 가치 실현에 이바지해왔습니다.

한편 학부모를 위한 여러 권의 자녀 교육서를 저술한 마리 질베르(Marie Gilbert)는 어른과 자녀가 서로 협력하는 변화, 즉 개인의 정체성 정립과 세계를 향한 열린 태도 함양을 전제로 하는 평화 교육의 중요성을 강조합니다.

이 책이 페스탈로치(Pestalozzi)의 말처럼 하루하루 자녀가 '자기 자신으로 살 수 있게' 돕고자 하는 모든 이의 동반자가 되리라 기대합니다.

에드비주 시루테(Edwige Chirouter)

프랑스 낭트대학교 교육철학 교수,
유네스코 '어린이 철학' 학회 의장

머리말

자녀와 함께하는 성찰
하루하루 커지는 행복

매일같이 쏟아지는 각종 시사 문제는 생각하는 일, 즉 성찰의 중요성을 깨닫게 합니다. 유연성을 잃고 굳어진 사고는 독단주의, 두려움, 폭력이라는 악순환을 만들어냅니다. 전 세계 인류를 위협하는 전쟁과 테러가 그것을 증명합니다. 이러한 갈등과 대립의 상황에서 어른이자 교육자인 우리가 해야 할 급선무는 자녀가 어릴 때부터 열린 사고와 비판적 사고를 계발하고 '철학'을 하도록 돕는 일입니다.

새 시대를 선도하는 교육자는 유치원·초등학교·중학교 시절부터 '철학 토론'을 장려합니다. 철학 토론은 아이들이 성찰하는 인간이자 책임감 있는 미래 시민으로 성장하는 데 반드시 필요한 교육과정의 기능을 할 것입니다. 오늘날의 가정은 이처럼 중요한 교육과정을 통합적으로 실천하는 중차대한 역할을 맡고 있습니다.

"맞는 말이긴 한데, 모든 부모가 철학 교수는 아니잖아요!"라고 걱정하는 부모가 있을지도 모르겠습니다. 그 점이라면 한숨 돌려도 됩니다. 가정에서 자녀와 함께하는 성찰은 전공 지식이 아니라 상식이 더 많이 필요한 분야니까요! 바꿔 말하면 성찰은 이미 완성된 생각에 얽매이는 대신 새로운 시각으로 문제를 제기하는 시간을 갖는 일입니다.

자녀에게 성찰의 재미를 알려주고 그것에 취미를 붙여주는 일은 살아 있는 교육을 위해 반드시 필요합니다. 아이가 균형적으로 성장하려면 감수성·상상력·창의력의 계발뿐만 아니라 기준과 규칙을 이해하고 이성과 분별력을 발휘하도록 이끌어줘야 합니다.

이 책은 두 부분으로 구성되어 있습니다. PART 1에서는 부모에게 자녀와의 '철학적 교류'를 위한 참고 자료와 방법론을, PART 2에서는 자녀와 함께 성찰 여행을 떠나기 위한 15가지 토론 주제를 제공합니다. 물론 철학수업을 위한 질문에 정답은 없습니다. 우리의 목표는 아이들이 저마다 자신만의 답을 찾도록 돕는 것이기 때문이지요. 대신 자녀에게 동기부여의 발판을 삼을 만한 '성찰의 방법론'은 다양하게 준비되어 있습니다.

겁내지 말고 자신감을 가지십시오. 이 책은 부모 또는 교사가 아이에게 생각하고 성찰하는 기쁨을 선사하도록 안내할 것입니다. 그 기쁨은 아이가 성장하는 데 꼭 필요한 것임은 두말할 필요도 없습니다.

이 책은 먼저, 부모가 자신만의 답을 찾고, 자녀도 자신만의 답을 찾아가도록 이끌어줍니다. 또한 다양하고 구체적이며 흥미진진한 철학 시간과 더불어 성찰의 계기를 제공합니다. 자녀의 나이, 경험, 관심사, 상황 등 자녀의 성장에 알맞게 질문의 난이도를 조절하세요.

자녀는 성찰과 토론을 기반으로 한 철학수업을 통해 첫째, 사회에서 아무리 어처구니없는 사상이 횡행한다 해도 객관적인 태도로 차분하게 행동하며 마음의 안정을 유지하는 법을 배울 수 있습니다. 이는 현재 청소년 세대에게 반드시 필요한 역량입니다. 둘째, 생각의 자유를 경험함으로써 타인이 지닌 생각의 자유도 존중할 수 있게 됩니다. 화합에 목마른 세상에서 열린 태도를 기를 수 있습니다. 셋째, 가족 구성원 간에 자유롭게 토론하고 매번 새로운 즐거움을 공유함으로써 가정 내 사랑과 화목이 증대됩니다.

자녀와 함께 생각하고 대화를 나누는 철학의 세계로 들어가보세요. 그것이야말로 하루하루 행복으로 향하는 길임을 확인하게 될 것입니다.

차례

PART 2 자녀와 함께하는 철학수업 무엇을 토론할까?

CLASS 1 정체성 — 나를 알고 나로 존재하는 것

CLASS 2 사랑 — 인간으로서 누릴 수 있는 완전한 경험

CLASS 3 가족 — 나를 지켜주는 울타리이자 인생의 첫 배움터

CLASS 10 권리와 의무 ── 해야 할 것과 하지 말아야 할 것

CLASS 11 정의 ── 부당함과 불공정에 맞서는 힘

CLASS 12 진실 ── 거짓이 없는 올바른 마음 상태

PART 1

자녀와 함께하는 철학수업
어떻게 진행할까?

CHAPTER

1

나에게 성찰의 시간 선물하기

생각할 준비가 되어 있는 사람은 마음의 평안을 얻습니다.
다만, 이때 꼭 챙겨야 할 것이 있다면
자기 자신에 대해 생각해보는 것입니다.
우리는 부모로서 잠시 멈춰 서서 자신에 대해 생각하는 것이
얼마나 중요한지 잘 알고 있습니다.
아무리 바쁜 일상이라도
스스로에게 생각할 시간을 선물하십시오.

삶이 충만해지는 성찰 여행 떠나기

성찰이란 어떤 사안을 살펴보기 위해 잠시 멈추는 행위입니다. 모든 관점에서 살펴보고 복잡한 삶을 재구성해보는 일이지요. 성찰의 라틴어 어원인 'flectere'에는 '돌아가다'라는 뜻도 있지만 '구부린다'는 뜻도 있습니다. 즉 유연하게 생각한다는 말입니다.

성찰은 정신적 흔들림이 아닙니다. 감정에 취하거나 상상에 빠져들거나 추억에 젖거나 두려움에 갇히는 것과는 다릅니다. 철학적 성찰은 객관적이고 명료하게 우리 자신, 주변 사람, 사건을 바라볼 수 있도록 안내합니다.

인간은 경험에 의미를 부여할 수 있는 존재입니다. 성찰을 통해 세계를 확장할 기회를 놓치지 마세요. 자기 자신에게 '성찰의 시간'을 주세요. 스스로 삶을 책임지는 인간으로서 내가 진정으로 생각하는 것이 무엇인지 살펴보세요.

자녀와 함께 성찰하는 시간을 갖기 전에 홀로 이 여행을 떠나보아야 합니다.

필요한 것은 자기 자신 명확히 알기

자기 자신을 알려면 단순히 욕망과 감정을 깨닫는 것만으로는 충분하지 않습니다. 우리 행동의 원인이자 삶을 구성하는 사유 방식도 자기 자신 안에 포함되기 때문입니다. 예를 들어 우리는 자신이 정의하는 평등에 입각해서 다른 사람과 다르게 행동하고 자신이 정의하는 권위에 입각해서 각기 다른 지배적 경향을 보입니다. 자신을 명확히 안다는 것은 자신의 믿음에 질문을 던지는 동시에 자유와 겸손의 원천인 불확실성을 살펴보는 일입니다. 그 질문 중에는 답을 선택하기 쉬운 물음도, 언제쯤 답이 나올지 모를 질문도 있겠지요.

철학적 성찰은 일상생활과 연결되어 있다

지금 이 글을 읽는 당신은 삶의 여러 측면에서 인간 조건을 지니고 있겠지요. 인간 조건에는 개인·가족·사회·직업과 같은 측면도 있고, 신체·애정·지성·도덕·영성과 같은 측면도 있습니다.

어떤 측면에서든 앞으로의 계획·선택·경험 등에 대한 질문을 던질 수 있습니다. 그리고 그 질문이 지닌 보편성과 주요 특성을 깨달을 때 비로소 '철학적' 질문이 탄생합니다.

삶의 의미와 관련해서도 다양한 질문이 나올 수 있습니다. 예를 들면 단순 동거, 시민연대계약(PACS)*, 결혼 가운데 하나를 선택하는 것은 자유에 대한 질문을, 죽음은 죽은 이에 대한 애도와 사후세계에 대한 질문을, 자녀의 탄생은 물려주고 싶은 가치, 즉 이상적인 삶에 대한 질문을 생각해보게 합니다.

또는 가치와 관련해 사실을 왜곡하는 허위 방송은 진실에 대한 질문을, 부당 해고, 세계 빈곤 통계 등은 정의에 관한 질문을, 차별을 목격하거나 차별 당한 경험은 평등에 대한 질문을, 사회 참여와 연대는 선(善)에 대한 질문을 던지게 합니다.

이 밖에 어떤 상황에서도, 그 누구도 피할 수 없는 질문이 있습니다. 바로 행복에 관한 질문이죠!

이처럼 철학적 성찰은 일상생활과 단절되어 있지 않습니다. 오히려 우리는 성찰을 통해 삶이 충만해짐을 경험할 수 있습니다. 그것은 자신만의 특별한 삶을 보편적인 인간 조건과 연결시켜줍니다.

---

* PACS 가족관계가 아닌 동성 또는 이성의 두 성인이 특정한 의무와 권리에 따라 함께 생활하기로 서명한 계약. 결혼처럼 법적 구속력은 없지만, 서류를 제출하면 결혼과 동일한 법적 혜택을 받을 수 있다.

삶에 대해 사유하고 사유하는 대로 살기

스페인의 시인이자 극작가인 안토니오 마차도(Antonio Machado)는 "길은 발걸음을 옮김으로써 만들어진다"라고 노래했습니다. 우리에게는 출발점만이 주어질 뿐입니다.
다음의 질문은 우리 스스로 발걸음을 옮길 수 있도록 몇 가지 출발점을 제시합니다. 대답하는 데 시간제한은 없으니 긴장하지 않아도 됩니다.

인생에 대한 질문으로 시작하기

- 인생에서 가장 근본적인 문제는 무엇인가? 왜 그 문제를 선택했는가?

- 삶은 살 만한 가치가 있는가, 아니면 없는가? 어째서 한쪽에 더 비중을 두는가?

- 죽은 뒤에는 무엇이 있는가? 이토록 어려운 질문에 답할 수 있는 이유는 무엇인가?

- 신을 믿는가, 아니면 믿지 않는가? 믿는다면 어떤 신을 믿는가? 나의 신앙심 또는 무신론을 어떻게 설명할 것인가?

- 종교는 좋은가, 아니면 나쁜가? 그 이유는 무엇인가?

- 과학을 신뢰하는가, 아니면 의심하는가? 그 이유는 무엇인가? 과학 연구와 과학 기술이 미치는 영향의 장점과 단점은 무엇인가?

- 신기술에 관해 어떻게 생각하는가? 인터넷은 좋은가, 아니면 나쁜가? 핸드폰은? 비디오 게임은? 그 이유는 무엇인가?

- 진리란 무엇인가? 보편적인 진리가 있는가, 아니면 개인적인 진실만 있는가? 진리는 절대적이고 보편적인가, 아니면 주관적이고 상대적인가? 나는 실재를 알 수 있는가? 아니라면 왜 그런가? 알 수 있다면 어떻게 알 수 있는가?

- 도덕적 원칙이 있는가? 있다면 어떤 원칙인가? 어떤 것이 도덕적으로 허용되거나 금지되는가? 그 이유는 무엇인가?

- 법적으로 허용하거나 금지해야 하는 일은 어떤 것인가?

- 피임, 낙태, 새로운 인공수정 기술, 대리출산에 관해 어떻게 생각하는가? 왜 그렇게 생각하는가?

- 안락사, 자살 및 사형과 같이 수명을 단축시키는 상황에 대해 어떻게 생각하는가?

- 폭력에 관해 어떻게 생각하는가? 상황에 따라 정당화할 수 있는가, 아니면 어떤 상황에서도 정당화할 수 없는가? 정당방위의 허용 기준은 무엇인가?

- 인생에서 가장 중요하게 여기는 가치는 무엇인가? 어떤 이유에서인가?

- 자유롭다고 느끼는가? 완벽히 자유로운가, 조금 자유로운가, 전혀 자유롭지 않은가? 왜 그렇게 느끼는가? 무엇이 자신에게 영향을 미쳐서 자유로운 삶을 살지 못하게 하고, 원하는 것을 선택하지 못하게 하는가?

- 인간은 신체적으로, 심리적으로, 사회적으로 자유로운가, 아니면 이미 결정되어 있는가? 인간은 그 결정론에서 벗어날 수 있는가? 이는 개인적인 차원에서인가, 아니면 공동체적 차원에서인가?

- 이성애와 동성애에 관해 어떤 입장을 취하는가? 신체적, 정서적, 도덕적으로 각기 다른 성적 지향의 정당성에 대해 어떻게 생각하는가?

- 정치적 노선은 무엇인가? 중도인가, 좌파인가, 우파인가, 극우인가? 자신의 입장을 어떻게 정당화할 수 있는가?

- 오늘날의 민주주의에 대해 어떻게 생각하는가? 이 나라에 사는 것이 만족스러운가, 아니면 불만족스러운가? 더 정의롭고 평등한 사회와 세계는 어떻게 이루어질까?

- 소비 사회의 장점과 단점은 무엇인가? 세계화의 장단점은 무엇인가? 변화하는 세계의 흐름을 바꾸어야 하는가? 찬반을 정했다면 왜 그렇게 생각하는가? 변화는 개인 차원에서 일어나야 하는가, 공동체 차원에서 일어나야 하는가?

- 나는 친환경 감수성을 지니고 있는가? 그렇다면 무슨 이유

에서인가? 이 감수성을 무엇이라 정의할 수 있는가?

- 특정한 예술 활동을 하는가? 예술 활동을 하는 이유는 무엇이고 자신의 예술적 취향은 어떤 것인가? 예술을 어떻게 정의할 수 있는가? 취향인가? 아름다움인가?

- 나는 행복한가, 아니면 행복하지 않은가? 그 이유는 무엇인가? 어떤 기준에 따른 것인가? 행복은 손에 닿는 것인가? 그렇다면 어떻게 가능한가? 아니라면 그 이유는 무엇인가?

- 기타 등등

자녀에게 이정표를 제시하는 부모가 되기 위해

꼬리에 꼬리를 무는 질문은 즐겁습니다. 개인적인 탐구로 가는 길을 발견하는 것이니까요.
부모는 자녀에게 생각을 '주입'하지 않고 단지 이정표만을 제시해야 합니다. 그런 부모라면 다음의 근본적인 질문에 답할 수 있을 것입니다.

- 내가 가진 생각 가운데 무엇을 자녀에게 전해줄 것인가?

- 자녀가 어떤 질문을 마주했을 때, 자신만의 답을 찾도록 부모로서 어떻게 함께할 것인가?

결국 '나는 누구인가?'라는 질문은 부모로서 스스로에게 던지게 되는 첫 질문입니다. 삶은 어디까지나 내가 나로서 존재하는 현장이고 교육이란 그 삶의 현장에서 이루어지는 '실재'이기 때문입니다.

부모가 성찰하면 일어나는 변화들

일상생활에서 성찰하기 위해서는 자신의 감정 상태와 거리를 두는 객관성이 요구됩니다. 의식적으로 무언가를 선택하려면 찬반 양론을 비교해야 하기 때문입니다. 이는 자신의 삶을 이해할 뿐만 아니라 궁극적으로는 삶을 더 잘 꾸려갈 수 있도록 합니다.

마음의 안정과 균형

필요할 때마다 성찰하는 시간을 가지세요. 성찰은 일방적인 사고 방식에서 벗어나도록 도와줍니다.
이러한 거리두기를 통해 자신의 의견을 명확히 드러내고 타인의 의견과 편견에 맞서 독립적인 생각을 할 수 있습니다. 또한 정보와 지식에 근거해 선택하고 삶에 대한 통제력을 강화할 수 있습니다. 더불어 생각과 행동, 이상과 현실의 간극을 재조정하고 자기 자신과 조화를 이루어 자존감을 유지할 수 있습니다. 성찰이야말로 인간 조건의 한계를 뛰어넘어 그 위대함을 온전히 만끽할 수 있는 기회입니다.

균형 잡힌 자녀 교육

부모가 성찰의 시간을 가지면 자녀에게 어떤 도움을 줄 수 있을까요?

- **경험의 활용** 교육자로서 정리된 생각을 갖추고 있는 부모는 자녀가 자신의 생각을 형성하는 데 경험자로서 도움을 줄 수 있습니다.
- **교육의 일관성** 논증을 통해 감정이 과잉되거나 교육에 일관성이 사라지는 현상을 예방할 수 있습니다.
- **효율성 향상** 교육의 의미에 대해 깊이 생각해봄으로써 자녀의 자율성을 더 높여줄 수 있습니다.
- **의식적인 교육** 자녀에 대한 사랑을 건설적인 방향으로 도모하고 현재의 순간을 장기 교육 계획에 포함할 수 있습니다.
- **자녀와의 원활한 소통** 귀 기울여 듣기와 친절하게 말하기를 통해 상호 존중의 중요성을 깨달을 수 있습니다.

요약

- **삶에 대해 사유하고 사유하는 대로 살기** 끊임없는 쇄신의 원천이자 삶의 기쁨을 배가시키는 자유로운 모험입니다.
- **철학적 성찰** 유연한 사고를 유지할 수 있습니다.
- **마음의 안정과 균형** 성찰을 통해 불안한 감정, 두려움의 악순환, 운명론적 체념과 거리를 둘 수 있습니다.

  개인 경험을 보편적인 인간 조건과 결부지어 고독감을 완화할 수 있습니다.

  감각 · 감수성 · 직관 · 성찰을 통해 자기 자신과 세계를 연결할 수 있습니다.

CHAPTER

2

가정에 논리 초대하기

가정에 논리를 초대하세요.
서로 자유롭게 대화를 나누면서
자녀를 '열린 생각'으로 이끌 수 있습니다.
의존에서 자립으로, 무지에서 사유하는 법을 아는 것으로,
특히 어떻게 존재해야 하는지를 아는 것으로 말입니다.

철학, 왜 가정에서 시작해야 할까?

가정은 자녀의 사회화를 담당하는 최초의 장소입니다. 학교보다 먼저 지식, 노하우, 가치가 전수되는 곳이지요.
여러분의 자녀는 가정에서 부모와 함께 생각하고 질문하는 성찰의 기회를 통해 자신의 환경과 멀리 떨어진 상황에 대해서도 열린 사고를 지니게 됩니다. 칸트가 말했듯이 '사유의 폭을 확장'할 수 있습니다.

철학수업의 현주소

교사와 가정이 만나는 계기

앞으로는 학교 프로그램에 철학 토론 시간이 포함된다고 합니다.

따라서 여러분이 자녀의 이야기에 귀 기울이고 추가로 어떤 질문을 던지며 토론을 연장한다면 무척 즐거워할 것입니다. 〈이제 겨우 시작이야(Ce n'est qu'un début)〉라는 다큐멘터리를 보면 여자 유치원 교사가 아이들과 '철학하는' 시간을 가집니다. 아이들은 집에 가서 이 경험을 부모님에게 이야기하는데 이것이 교사와 가정이 만나는 계기가 됩니다.

사회화에 도움 주는 철학수업

철학수업은 다음 세 가지 면에서 자녀의 사회화에 도움을 줍니다.

첫째는 개인주의입니다. 민주 사회에서 개인주의는 개인의 권리와 자유, 독립적 행동을 의미합니다. 또한 모든 사람이 자신의 정체성을 구축하고 미래를 설계하며 가치를 창출하도록 이끕니다. 따라서 자녀가 인생관을 형성하는 법을 배우도록 이끌어주는 것이 중요합니다.

둘째는 다원주의입니다. 자녀는 때로 자신과 다른 생각을 가진 사람들과 대면하게 됩니다. 이때 사회를 이끄는 요소의 하나인 다원주의의 개념이 요구됩니다. 이를 위해 자녀가 차이를 존중하며 서로 주고받는 습관을 들이도록 도와주는 것이 필요합니다.

셋째는 책임감 있는 시민의식입니다. 자녀는 시민으로서 공공장소에서 자신의 의견을 표현하고 투표할 의무가 있습니다. 그러므로 자녀가 책임감 있는 시민으로서 선택의 의무를 다할 수 있도록 성찰하는 방법을 가르쳐야 합니다.

이 시대에 꼭 필요한 교육

현시대의 교육은 자녀가 변화하는 세계의 거센 파도를 무사히 헤쳐나가고 '생각하는 갈대'로서 내면의 힘을 찾아내도록 도울 의무가 있습니다. 성찰을 통해 개인적인 문제는 객관화하고, 공동체적이고 전 지구적 차원의 과제에 우선순위를 맞출 수 있습니다.

자녀의 질문 진지하게 받아들이기

걱정하지 마세요. 여러분이 무슨 질문부터 해야 할지 고민하기도 전에 아이들이 먼저 '질문을 던질' 수도 있습니다. 구체적인 사실이나 기술 관련 질문은 지식이나 정보를 찾아보고 공유함으로써 답할 수 있습니다. 그러나 아이들은 여러분을 당황하게 하는 몇 가지 존재론적 질문을 던지기도 한다는 걸 잊지 마세요.

철학적 질문에는 나이가 없다

자녀가 모든 것이 새로우며 질문으로 가득한 행성에 던져진 존재인 반면, 부모는 더 이상 질문하지 않는 삶에 익숙해진 존재입니다. 자녀의 질문 중 당황스럽거나 대답하기 어려운 것도 있을 것입니다. 또 어떤 질문은 재미있지만 자녀가 아직 '어려서' 진지하게 여겨지지 않을 수도 있겠지요. 하지만 '어른'의 질문이란 게 따로 정해져 있을까요? 철학적 질문에는 나이가 없습니다.

자녀가 질문을 던진다면 그건 경험으로부터 의미를 도출하기 위해서입니다. 그런 까닭에 자녀의 질문에 진지하게 귀 기울여야만 합니다. 이러한 질문은 성찰하기에 완벽한 기회라고 할 수 있습니다. 즉 자녀의 자연스러운 호기심을 북돋우면서 성장하도록 도울 수 있는 기회입니다.

준비된 답변은 사고 확장의 방해물

"어째서 사람은 언젠가 죽어야만 하나요?" 같은 자녀의 질문에 곧바로 답해야만 하는 건 아닙니다. 우리는 실제로 불안함을 느끼면서도 한편으로는 안도감을 느끼고 싶어서 이내 불안감을 꺼뜨려 버리고는 합니다. '생각할 준비가 된' 답변은 자녀가 답을 찾아나서는 것을 되레 방해합니다.
따라서 자녀의 질문을 잘 듣고, 자신만의 생각을 만들어 나가도록 도와야 합니다. 예를 들어 "너 같으면 이 질문에 뭐라고 답하겠니?" 같은 질문을 던지고 자녀가 떠올리는 생각에서 시작해 함께 사고를 확장해갈 수 있습니다.

존중받고 대접받는 느낌

가족 구성원 간에 의견을 나누는 시간을 가지면 자녀는 자신이 무조건적으로 받아들여지며 존중받는 대화 상대로 대접받는다고 느끼게 됩니다. 그럼으로써 하나의 인격 주체로 인정받고 행복감을 맛보며 성숙하게 자라나는 밑거름이 됩니다.

부모는 성찰을 위한 중재자

부모와 자식 사이에는 보통 즉흥적인 반응이 오가기 때문에 존중과 애정을 깜빡 잊을 때가 있습니다. 이럴 때는 흥분을 가라앉히고 서로 경청하며 진지한 토론 분위기가 되도록 해야 합니다.

만약 자녀가 이해받지 못했다고 느낀다면 왜 의견 차이가 있는지를 도발적인 행동 대신 말이나 글로 표현하도록 해주세요.

성찰하기에 좋은 시간은 언제일까?

성찰하기에 좋은 시간은 정해져 있지 않습니다. 보통 가족의 생활 리듬에 따르면 됩니다. 이 장에서는 서로 보완관계에 있는 두 가지 시간 선택 방법을 소개합니다.

자녀가 먼저 자발적으로 질문할 때

아이들은 책을 읽거나 영화를 보거나 뉴스를 접하면서 머릿속에 떠오른 궁금증을 자연스럽게 표현하곤 합니다. 이처럼 일상에서 마주치는 주제에 대해 자녀가 먼저 질문하는 기회를 잘 포착해 자유롭게 토론을 시작해보세요. 자녀가 먼저 토론을 시작할 때도 드물지 않습니다!

반응을 보인 '그 순간'에 시작하기

자녀가 뉴스를 보면서 질문합니다. "왜 전쟁이 일어나요?"
또는 학교에서 돌아오며 외치기도 합니다. "이건 불공평해요!"
부모는 자녀가 이러한 현상을 이해하도록 도와줘야 합니다.

태도와 행동에서 시작하기

자녀가 오해를 풀고 싶어하나요? 이성 친구에게 어떤 선물을 줘야 할지 모르겠다며 고민하나요? 부모가 슬쩍 질문하는 것만으로도 자녀는 선택하고 행동하기가 한층 수월해질 것입니다.
자녀가 고양이를 못살게 구나요? 누군가를 비웃나요? 무작정 훈계하기보다 먼저 생각해보도록 도와주세요.

정기적인 만남의 시간을 통해

일정한 간격을 두고 자녀와의 정기적인 '만남'을 미리 계획하세요.
이때 부모가 독단적으로 만남을 강요해서는 안 됩니다.

어른의 세계에 동참한다는 즐거움

자녀는 부모가 주는 따뜻한 관심에 행복해합니다. 자녀는 무엇에 동기부여를 받을까요? 바로 어른들이 자신을 진지하게 생각해준다는 뿌듯함과 어른들의 세계에 발을 들여놓는다는 즐거움입니다. 이러한 동기부여를 유지하도록 하려면 정서적 관계를 확고히 하는 것이 중요합니다. 이를 위해 자녀와 함께 성찰하는 즐거움을 표현하세요. 자녀에게 관심을 보이면서 자녀가 자신의 생각을 표현하도록 격려하세요.

대화 형식과 내용은 새롭게

예를 들어봅시다. 장은 열두 살짜리 아들과 한 달에 두 번 외출하는 습관을 들였습니다. 자연 속을 거닐고 식당에서 식사를 하며 으레 "오늘은 무슨 주제로 얘기를 할까?"라는 질문을 던집니다. 아들은 경험한 일들을 떠올리며 '뜨거운' 주제를 꺼내기도 하고, 아빠가 제안하는 주제 중에서 하나를 고르기도 합니다. 때로는 제비뽑기로 선택하기도 합니다. 이러한 방식을 활용하면 탐구하는 시간을 지속적으로 유지하면서도 형식과 내용을 매번 새롭게 바꾸어 지루함을 피할 수 있습니다.

편안하고 자유로운 토론이 되려면 어떻게 해야 할까?

생각하고 질문하며 의견을 나누는 성찰의 순간은 관심을 분산시키는 다양한 활동과 일상을 가득 채우는 복잡한 감정 사이에 휴식을 갖는 시간이 되어야 합니다.

표현의 자유를 보장할 것

자녀는 평가·비판·훈계를 받지 않고 편안하고 자유롭게 생각을 표현할 수 있어야 합니다.

안심할 수 있는 환경 만들기

자녀가 자기 생각을 표현하도록 내버려두는 것이 중요합니다. 규범에 근거한 판단은 피하도록 하세요. “네 생각은 틀려” “그건 아니야”와 같은 말은 개인적인 생각을 전개하는 데 좋지 않은 영향을 끼칩니다.

부모의 생각이 아닌 자녀의 생각에 집중하기

성찰은 부모의 생각이 아니라 자녀의 생각이 무엇인지에서부터 시작해야 합니다. 처음부터 “내 생각은…”으로 이야기를 시작하면 자녀는 부모의 관점에 동의하거나 반대하게 됩니다. 그렇기 때문에 자녀가 이미 한쪽으로 의견을 정했다면 부모는 가능한 한 늦게 의견을 제시하는 편이 좋습니다. 또한 자유로운 방향으로 토론을 이끌기 위해 그 주제에 관한 여러 가지 의견을 소개하는 방법도 권장합니다.

자녀의 의견 재표현하기

재표현이란 말한 내용을 그 어떤 해석도 덧붙이지 않고 간략하고 명료하게 다시 표현하는 일입니다. “그러니까 네 생각은 이렇단 말이지?” 같은 재표현은 자녀가 이해받고 있다고 느끼게 하며 생각을 더 발전시킬 수 있도록 해줍니다.
예를 들어 아이가 “폴이 먼저 날 밀었어요. 난 그냥 못 하게 했을 뿐인데 나만 벌받은 거예요”라고 말한다면, “먼저 싸움을 건 쪽이 벌받지 않는 게 불공평하다고 생각하는구나”라고 다시 표현할 수 있습니다.

지적 엄격함을 배우는 기회

부모는 자녀가 논리적 근거를 찾는 여정에 함께 동행해 격려할 수 있습니다. 이 여정은 삶에서 지적 엄격함을 배우기 시작하는 단계입니다. 지적 엄격함은 자녀가 나이를 먹고 학년이 올라가도 어떤 것도 가볍게 단정 짓지 않고 무턱대고 믿어버리지 않으며 자신의 판단을 합리적으로 전개하는 데 도움을 줍니다.

자신의 주장 정당화하기

자녀가 자신의 주장을 정당화하는 습관을 들이도록 하는 것이 중요합니다. 논거 없이 무엇인가를 단정 짓는다면 왜 그렇게 생각하는지 물어보세요.

자녀가 어떤 질문에 대해 특정한 입장을 고수한다면 이렇게 질문해보세요. "누가 이런 반대 의견을 내놓는다면 너는 뭐라고 답하겠니?" 또는 "이렇게 생각하는 사람도 있는데, 그럼 어떻게 반박할 수 있을까?"

추상적 관념을 구체화하는 예시 들기

우리는 언어의 추상화 과정에서 현실을 놓치곤 합니다. 이럴 때는 예시를 통해 추상적인 관념을 구체화해서 현실감을 되찾을 수 있습니다. 예컨대 자녀에게 "상상이 나쁜 거라고 했는데, 예를 들 수 있겠니?"라고 물어볼 수 있습니다.

반대되는 예를 들어 의견 상대화하기

논리적 근거를 찾을 때 반대의 예는 기본 중의 기본입니다. 구체적이면서도 근거의 역할을 하며 자신의 의견을 상대화해 세밀하게 표현하도록 하기 때문입니다. 검은 백조 한 마리를 보면 모든 백조가 하얗다고 더 이상 말할 수 없는 것처럼 말이지요.

서로 다른 개념 비교하기

서로 다른 개념을 구별해 비교하면 관념을 더 명확히 파악할 수 있습니다. 예를 들어 자녀는 동료애와 사랑을 구별함으로써 우정이라는 개념을 더 수월하게 정의할 수 있습니다.

구체적 언어로 특징짓기

자유, 진리, 폭력 같은 추상적인 관념을 어떻게 명확히 규정할 수 있을까요? 자녀가 우정에 대해 말하려면 개인적 관계의 특징들을 열거할 수 있어야 합니다. 예컨대 8~9세 무렵이 되면, '친구'란 같은 반 아이들 중에서도 자신이 좋아하기 때문에 선택한 사람, 믿고 비밀을 털어놓을 수 있는 누군가라고 말할 수 있을 것입니다.

이런 과정을 통해 자녀는 탐구하는 기쁨을 차근차근 알아가게 됩니다. 답이 분명하지 않은 질문을 접하면서 겸손함을 배우고 사고력을 통해 자신이 주인 되는 자부심을 키우는 것입니다.

요약

신뢰와 따뜻함이 가득한 가정에서 자녀는 자연스럽게 이해하려는 욕구를 계발할 수 있습니다.

성찰을 통한 철학수업에서 부모의 역할은 무엇일까?

- 자녀의 질문에 귀 기울이기
- 질문에 대해 탐구하도록 독려하기
- 처음부터 부모의 관점 제시하지 않기
- 자녀가 말한 내용을 재표현하여 더 깊이 생각하도록 이끌기
- 자녀가 자신만의 답을 찾아내도록 도와주기

가정에서 성찰하기란 무엇일까요? 지적 엄격함과 생각의 자유 속에서 논리를 통해 자녀를 성숙한 인격체로 자라게 하는 것입니다.
이는 오랜 시간에 걸쳐 부모와 자녀 사이의 소통을 유지하고 새롭게 하는 기회입니다.

CHAPTER

3

안내대로 철학수업 따라해보기

"자녀와 함께 '철학하기'요? 좋죠, 그런데 어떻게요?"
라고 묻는 부모들이 있습니다.
앞으로 여러분이 떠날 모험에 아주 유용한 질문입니다.
이번 장에서는 자녀가 성찰할 수 있도록
돕는 여러 가지 방법을 제안할 것입니다.

『내 아이의 생각을 키우는 초등 철학수업』 완벽 활용법

이 책에 제시된 수업을 통해 6, 7세부터 그 이상의 나이까지 자녀의 흥미를 돋우는 15가지 주제에 대해 성찰의 계기를 마련할 수 있습니다. 존재론적 철학 질문에는 나이가 없다는 사실을 다시 한 번 기억하세요!

주제별 '성찰의 실마리'에는 부모가 이용할 수 있는 내용이 소개되어 있습니다. 이 책에서 간단히 '자녀'라고 지칭하고는 있지만 각 제안에 맞게 형제자매나 친구로 바꿔서 적용할 수 있습니다.

다만 성공적인 토론을 위해 다음 규칙을 제시하기만 하면 됩니다. 자기 차례가 왔을 때 의견을 말하고 다른 사람의 의견을 깎아내리지 않는 것입니다. 또한 각 자녀가 발언할 기회를 줌으로써 아이들이 동시에 말하지 않도록 하거나 차례대로 돌아가며 얘기할 수 있도록 해야 합니다.

이러한 시간을 통해 아이들은 상호 존중하며 소통하는 법을 배우게 됩니다.

부모를 도와줄 두 가지 팁!

아이의 상황에 맞춰 선택하는 '성찰의 실마리'

각 토론수업 처음에 제시되는 '성찰의 실마리'는 놀이, 소소한 이야기, 작가의 생각과 경험에 바탕을 둔 것으로, 자녀의 감수성과 상상력, 이성을 자극합니다. 아이에게 탐구하는 즐거움을 길러주기 위해서는 다양하게 변화를 주어야 합니다. 이 책에 제시된 주제와 다양한 관점 중에서 자녀의 상황, 연령, 관심사, 성숙도를 감안하여 내 아이에게 가장 적합한 것을 고르세요.

예를 들어 여덟 살짜리 아이는 일상생활, 놀이, 동화와 관련한 주제에 쉽게 흥미와 관심을 보입니다. 더 나이가 많은 아이라면 반론을 펼치거나 논거를 찾으려고 할 것입니다. 그러다 보면 반대 의견이나 심화된 생각에 자극받고, 추상적 관념에 대해 더 깊이 생각할 수 있습니다.

각 장의 주제 아래는 다양한 소제목이 있으며, 토론을 통해 내용을 각색할 수 있습니다. 각기 다른 수준의 '성찰의 실마리'를 이용하면 자녀의 성장과 변화에 발맞춰 점차 성찰의 범위를 확장할 수 있습니다. 물론 이 제안을 그대로 사용할 수도, 내용을 보강하거

나 재해석할 수도 있습니다. 또는 그 안에서 다른 성찰 주제를 발견할 수도 있습니다.

열린 토론으로 이끄는 '부모를 위한 도움말'

'부모를 위한 도움말'의 각 텍스트는 자녀의 인생에서 다뤄지는 주제의 중요성을 보여줍니다. 이를 통해 철학적 의미를 이끌어내고 다양한 관점을 다룸으로써 열린 토론을 이어갈 수 있습니다.

이것만은 꼭 지키기!

철학 토론 방법 숙지하기

철학 토론의 핵심은 다음의 세 가지 단계로 구성됩니다.

1. 질문하기(문제 설정)
2. 추상적 관념과 어휘 정의하기(개념화)
3. 자신의 관점을 논리적으로 정당화하고 이의를 제기하며 이의에 답하기(논증하기)

자녀 대신 대답하지 않기

자녀가 사고력을 기르기 원한다면 '질문 소양', 즉 자신이나 타인에게 던지는 질문을 자녀 스스로 개발하도록 해야 합니다. 때로는 자녀와 함께 찾은 예상 답변이 믿을 만한 사실이나 정보일 수도 있습니다.

“눈사태는 왜 생겨요?” “풍력 발전기는 어떻게 돌아가는 거예요?” 등의 질문이 거기에 해당합니다.

또 어떤 경우에는 대답하는 데 성찰이 필요한 흥미로운 질문도 있습니다.

“우정은 영원한 거예요?” “사람은 왜 다른 사람을 도와야 해요?” 등의 질문이 그렇습니다.

이때 자녀 입장에서 먼저 대답하지 않도록 신경써야 합니다. 자녀는 이러한 질문을 통해 탐구의 길을 걷게 됩니다. 부모는 이 길을 자녀의 보조에 맞춰 함께 걸어가는 동반자일 뿐입니다.

즐거운 성찰을 위한 재미있는 출발점

다음은 자녀가 자신만의 의견을 갖추는 데 도움이 될 만한 흥미로운 접근방법이 소개되어 있습니다. 여기에서 모든 제안을 하나하나 설명하진 않았지만 자녀에 맞춰 적용해볼 수는 있습니다.

관심 표현으로 성찰 분위기 만들기

아이들은 나이에 상관없이 자신의 경험에 비춰 세상에 질문을 던집니다. 자녀가 느끼고 관찰하고 말하는 것에 대해 부모가 얼마나 관심을 가지고 있는지, 또 아무런 편견 없이 자녀를 받아들이고 있는지를 표현할 기회입니다. 즉 성찰하기에 좋은 분위기를 조성하는 것입니다.

자녀와 경험을 공유하는 방법

자녀의 질문 되묻기

“사랑한다면서 왜 혼내시는 거예요?”라고 자녀가 물어본다면 아이를 사랑한다는 게 무얼 뜻하는 것인지 되물어보세요. 예를 들면 이렇게 질문할 수 있어요. “사랑한다는 게 항상 즐겁게 해주는 걸까?” “네가 성장하도록 돕는 걸까?” “네가 원하는 건 다 하도록 내버려두는 걸까?”

자신과 관련된 주제에 관해 자녀가 스스로 질문을 만들어보도록 독려하세요. 예컨대 “학교에 대해서는 어떤 질문을 할 수 있을까?” “폭력에 대해서는 어떻게 생각하니?” “사랑에 대해서는?” 등의 질문입니다.

자녀의 대답 이끌어내기

자녀로 하여금 질문에 대답하도록 하고 이에 관해 토론해보세요. “네가 누구냐고 묻는다면 어떻게 대답하겠니?” “살면서 어떤 걸 만들어내고 싶니?” 같은 질문입니다.

자녀의 일상 알아보기

다음과 같은 질문을 통해 자녀의 감정과 감성의 측면에서 논의를 시작해보세요.

“엄청 화가 났을 때가 언제였는지 얘기해줄 수 있니?”

“누군가를 좋아한다고 했지? 어떤 느낌이 드니?”

구체적인 예시로 시작하기

추상적인 관념에 대해 성찰하려면 구체적인 예시나 자세한 사실에서 논의를 시작하는 편이 수월합니다. 자녀가 우정의 특징을 말하고 정의하도록 하려면 친구에 대해 이야기하도록 유도해보세요. 정체성에 대한 이야기를 꺼내고 싶다면 신분증을 보여주면서 어떤 사항이 적혀 있는지 물어보세요.

자녀가 직접 체험하게 하기

어떤 의문점에 대해 현실에서 직접 체험하고 확인할 수 있다면 그것만큼 확실한 해답도 없습니다.

"눈을 감아보렴. 바깥세상이 아직도 있다고 생각하니?"

"양동이 물에 반쯤 담긴 이 막대기를 봐. 정말 구부러진 걸까? 눈에 보이는 것을 그대로 믿을 수 있니?"

자녀의 상상력을 자극하는 방법

가정과 가설 활용한 생각 실험

상상의 세계를 가정하고 가설을 세운 뒤 이 가설이 타당한지 확인하기 위해 결과를 도출해보세요. 예를 들어 이렇게 제안할 수 있습니다.

"누구나 모두에게 거짓말을 하는 세상을 상상해보자. 어떤 거짓말을 할 수 있을까? 사람들 사이는 어떻게 변할까? 마지막에는 결국 어떻게 될 것 같니?"

상상력과 사고력의 비타민, 놀이

상상력을 발휘하게 하는 놀이는 사고력을 활성화합니다. 예를 들면 다음과 같습니다.

- 상상하여 비유하기 비교·유추·은유 등을 사용하는 놀이입니다. 어떤 관념을 사람·사물·식물·동물 등과 비교하는 것이지요. 어째서 이것과 비교했는지, 어떤 특징이 부각되는지 물어볼 수 있습니다.
  "만약 정의를 사물에 비유한다면 어떤 것을 들 수 있을까?"
  "저울일 것 같아요."
  "그렇게 생각한 이유는 무엇이니?"
  "장단점을 판단하기 위해서 찬성과 반대를 모두 저울질하니까요."
- 자유 연상법 아이는 "…한 단어를 들으면…가 떠올라요" 식으로 제시된 추상적 단어에 대해 이미지를 통해 자신의 의견을 펼칠 수 있습니다. 자녀가 이미지를 연상하도록 질문을 시작해보세요.
  "'외로움'이라는 단어를 들으면 어떤 게 떠오르니?"
  "아무도 눈길을 주지 않는 어떤 할머니가 떠올라요."
  "우리가 아무에게도 관심을 보여주지 않는다면 어떻게 될 것 같니?"
  "살아갈 수 없을 것 같아요."
- 나열하기 상상 속 구성 요소를 열거함으로써 자녀가 한 가지

관념을 다각도로 볼 수 있게 해주세요.

"즐거움에도 레시피가 있을까?" "즐거움을 만드는 재료는 뭐가 있을 것 같니?" "행복을 파는 상인이 있다면 뭘 팔까?"

자기중심적 사고에서 벗어나게 하려면?

자녀가 자기중심적 세계에서 벗어나 타인의 생각에 마음을 활짝 열도록 하는 방법을 소개합니다. 이러한 과정을 통해 자녀는 비로소 자신의 생각을 표현할 수 있습니다.

감수성과 상상력에 말을 건네는 이야기 들려주기

이야기는 자녀의 감수성과 상상력에 말을 건넵니다. 이야기의 형태가 어떻든지 관심을 끄는 힘이 있기 때문입니다. 그리고 이러한 즐거움은 토론을 더 하고 싶도록 만듭니다.

생각에 생기를 불어넣는 동화

"'모두 평등해' 마을에 '안 평등해' 마을의 주민이 도착했어. 저놈은 누구지? 광장에 침입자가 나타났다! 모두 전투 준비!"

흥미로운 대화와 토론

활기찬 토론은 자녀의 흥미를 사로잡고, 찬성과 반대 중 하나의 입장을 정하게 유도합니다.
"난 남들과는 달라요. 내 DNA는 하나밖에 없고요, 성격도 마찬가지예요. 저만의 비밀의 정원, 추억, 계획이 제 삶 그 자체예요!"
"그렇기는 한데, 남들처럼 팔다리 다 있고 눈, 코, 입 다 있으면 남들이랑 같은 인간 아니겠니? 그럼 너는 하나밖에 없는 특별한 존재일까, 아니면 남들과 비슷한 존재일까?"

편견을 깨는 이야기

"릴라는 트럭놀이를 하며 인형놀이를 하는 남동생 테오와 함께 놀고 있어. 릴라는 수학을 좋아하고, 테오는 시를 쓰지. 어른이 되면 릴라는 엔지니어 학교에, 테오는 간호 학교에 다니고 싶어한단다. 이 이야기에서 놀랄 만한 부분이 있니? 만약 있다면 그것에 대한 너의 입장과 이유를 말해보렴."

자녀에 대한 짤막한 이야기

자녀 자신과 관련된 이야기를 들려주면 단숨에 아이의 관심을 사로잡을 수 있습니다. "너는 아기에서 어린이로 변했고 나중에는 어른이 될 거야. 자라면서 지금은 할 수 없는 일들을 혼자서도 척척 해낼 수 있겠지. 그런데 어떤 사람은 이렇게 말해. '어린 건 좋은 거야. 모두가 널 돌봐주고 너는 일할 필요도 없으니까'라고. 너는 그 말에 대해 어떻게 생각하니? 어른으로 자라고 싶니, 아니면 자라고 싶지 않니?"

놀이를 통한 논증 찾기

논증이란 자신의 입장을 논리적으로 정당화하는 작업입니다. 근거 없이는 어떤 것도 단정 짓지 않는 것을 배운 아이는 부모의 '왜'라는 질문에 즉흥적인 대답을 하지 않게 됩니다. 이때 필요한 것이 지적 엄격함입니다. 논증 찾기를 놀이로 만들어보세요!

격언과 속담 활용

부모가 격언·속담·인용문을 활용하면 자녀가 여기에 반응하고 의견을 표현하며 동의하거나 동의하지 않는 이유를 말합니다. 여러 사상가가 제시하는 다양한 의견을 들려주면 다양한 관점에서 문제를 보는 데 도움이 됩니다. 이 의견들은 인간 조건의 핵심을 다루곤 합니다. 예컨대 "내일 죽을 것처럼 살고 영원히 살 것처럼 배우라"는 간디의 격언은 삶과 죽음을 받아들이고 이해하는 하나의 방식을 보여줍니다.

합리적인 주장

근거 없이 단정적 입장을 취하는 태도는 항상 논란이 됩니다. "폭력은 좋은 거야! 너는 어떻게 생각해?" 그렇다고 생각한다면 왜인지(예를 들면 폭력은 부당함에 대처할 수 있는 수단이기 때문)도 말해야 합니다. 그렇지 않다고 생각한다면 이유(예를 들면 폭력은 더 심각한 증오의 악순환을 낳을 뿐이기 때문)를 들어 정당화해야 합니다. 이런 과정을 통해 주장하거나 반박하려는 내용을 논리적으로 전개해 자신의 의견을 합리적으로 설득할 수 있습니다.

대립하는 명제

서로 대립하는 두 가지 명제 중 자녀가 한 가지를 골라 입장을 정하고 선택한 명제를 정당화하도록 도와주세요. 대립하는 두 가지 문장을 제시하고 자녀가 어느 쪽 손을 들어주는지, 왜 그렇게 생각하는지 물어보세요. 예를 들어 “사람은 나이가 들어도 변하지 않는다”와 “사람은 나이가 들면 변한다” 또는 “사랑은 이기적인 것으로 그 안에서 자신의 행복을 추구할 뿐이다”와 “사랑은 이타적인 것으로 다른 사람의 행복을 추구한다” 등이 있습니다.

정보 탐색하기

정보를 탐색하면서 자녀는 새로운 성찰의 실마리를 찾을 수 있습니다. 나이가 매우 어린 자녀라면 자녀와 함께 정보를 찾아보세요.

역할 바꾸기

역할 바꾸기는 타인의 관점을 이해하고 책임감을 강화하는 데 도움을 줍니다. 예를 들면 자녀에게 어른의 입장에 서도록 하고 이해하고 도와주려는 능력을 요청해보세요. “네가 부모라면 이 아이에게 뭐라고 말하겠니? 이 아이가 네게 조언을 구한다면 뭐라고 말해주겠니?” 이러한 기회를 통해 자녀는 ‘어린이’의 입장에서 벗어나 더 성숙한 태도로 논증하는 법을 배웁니다.

요약

아래에 제시된 주제는 자신만의 국경 없는 나라에 도착하기 위한 지도와 같습니다.

삶과 사유의 세계를 탐험하는 즐거움을 풍성하게 누리려면 다음과 같은 다양하고 재미있는 출발점이 필요합니다.

- 질문으로 시작하기
- 경험에 대해 물어보기
- 놀이를 통해 더 깊이 성찰하기
- 이야기 들려주기
- 반응 이끌어내기
- 논증 유도하기
- 인용을 통해 생각 자극하기
- 다른 사람의 입장을 이해하기 위해 역할 바꾸기

다양한 논리를 발견하도록 하면 자녀가 다른 관점을 이해하고 자신의 선택에 확신을 가지는 능력을 기르는 데 도움이 됩니다.

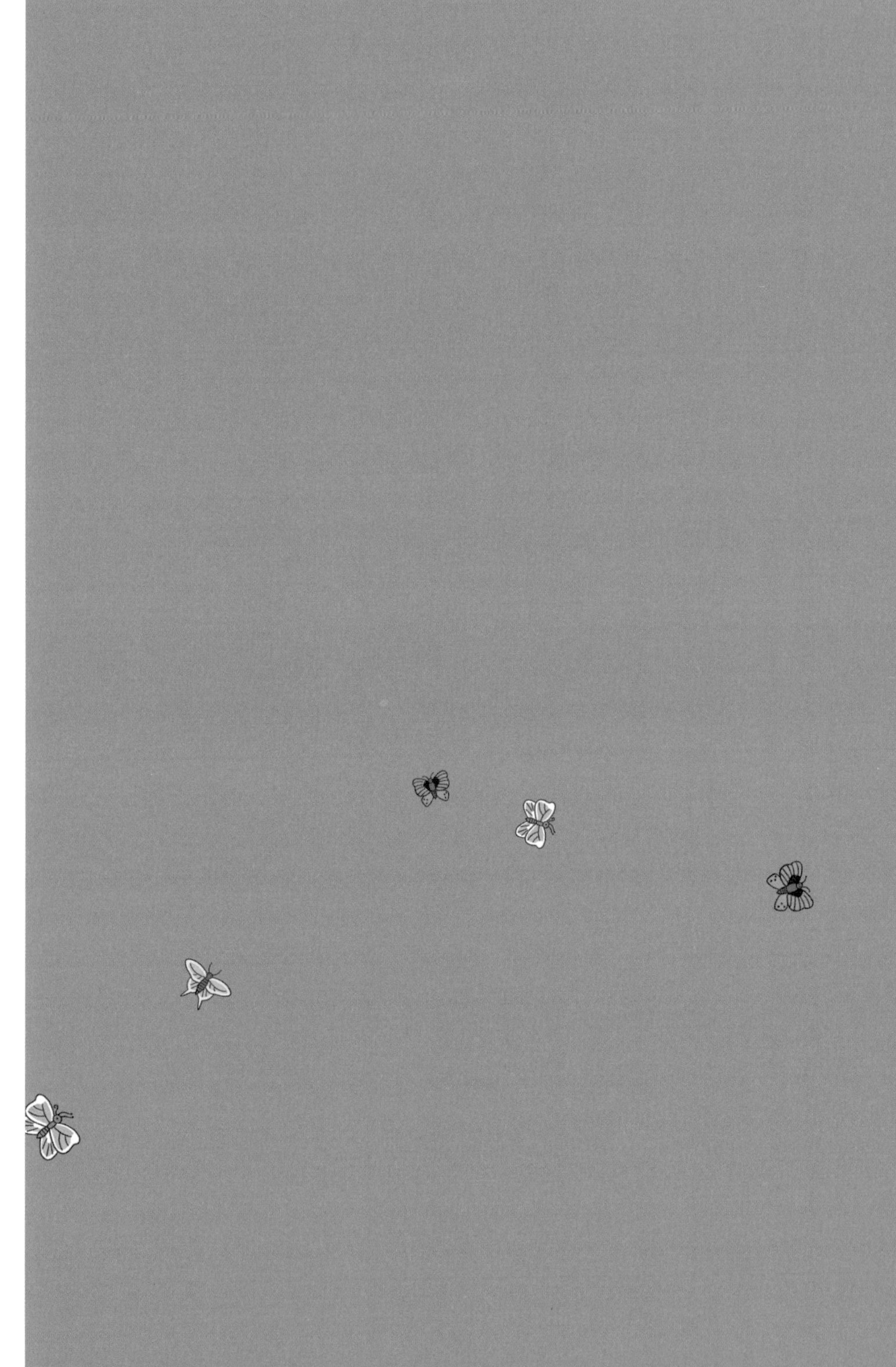

PART 2

자녀와 함께하는 철학수업
무엇을 토론할까?

CLASS

1

정체성

나를 알고 나로 존재하는 것

정체성에 관한 질문은
아이에게 중요하고 근본적인 주제입니다.
정체성은 아이가 다른 사람에게 알려지고 인정받으며,
자신이 세상에 단 하나뿐이면서도
남들과 비슷한 존재임을 인식하게 해줍니다.
그리고 자신이 누구인지,
어떤 사람이 되고 싶은지 알아가는 열쇠가 됩니다.

성찰의 실마리 1

너는 누구이고 어떤 사람이 되고 싶니?

답을 이끌어내는 질문들

- 누군가 '너는 누구니?'라고 묻는다면, 뭐라고 대답하겠니?
- 어떤 단어가 너를 가장 잘 나타낼까?
- 너는 식물과 어떤 차이가 있니? 동물과는? 다른 사람과는?
- 너와 다른 사람 사이에는 어떤 공통점이 있니?

자기 자신에 대해 설명하는 말들

자기를 소개하는 장면 연출하기

너는 방금 대회에서 우승하고 오는 길이야. 주최자는 너를 알게 되어 기쁘다며 너에게 자기소개를 부탁했지.

- '저는'으로 시작해서 너 자신을 소개할 수 있는 모든 것에 대해 말해보자.
- 너를 나타내지 않는 단어를 사용해서 너 자신을 소개해보자.

상상하여 비유하기

- 네가 유명한 사람이라면 어떤 사람일 것 같니? 이유도 말해볼까?
- 네가 동물, 식물, 물체라면 어떤 존재일 것 같니? 그렇게 생각하는 이유는?

성찰의 실마리 2

여자든 남자든 자기 자신이 되는 법은 무엇일까?

- 너는 남자니, 아니면 여자니? 어째서 그렇게 확신할 수 있니?
- 남자와 여자의 차이는 무엇일까?

판에 박힌 생각들

"장난감은 여자아이용과 남자아이용이 따로 있어."
"여자아이는 약하고 순하고 친절해. 남자아이는 강하고 씩씩하고 싸우는 걸 좋아해."
"여자아이가 싸우면 왈가닥이고 남자아이가 울면 심약하다고 하지."

- 이런 말을 들으면 어떤 생각이 드니?
- 우리는 모두 어떤 놀이, 활동, 계획을 할지 선택해야 할까? 그렇게 생각하는 이유는 뭐니?

닮음과 평등에 대해 토론하기

"여자아이와 남자아이는 같지 않아. 그래서 같은 권리를 가질 수 없지. 하지만 같지 않다고 평등하지 않다는 건 아니야."

- 어느 입장에 찬성하니? 왜 그렇게 생각하니?
- 누군가와 같다는 것(닮음)과 같은 권리를 가진다는 것(평등)의 차이는 뭘까? 예를 들어보자.

성찰의 실마리 3

정체성 수립은 쉬울까, 어려울까?

정체성이라는 개념에 어떻게 접근할까?

시민으로서 지니는 사회적이고 공적인 정체성은 태어날 때부터 가족관계증명서에 기록되고, 행정기관에서 발행하는 신분증이나 여권에서도 확인할 수 있어.

- 위와 같은 문서에는 무슨 내용이 적혀 있을까?

여러 사회 계층의 구성원이 되는 것은 사회적 정체성에 속해. 예를 들면 "나는 자원봉사 소방관에 현장 감독이고, 한 가정의 아버지이자 한 단체의 회원이지." 다른 사회 구성원들은 어떤 정체성을 가지고 있는지 함께 찾아보자.

개인 정체성은 개인이 살아온 역사와 경험에 의해 만들어진단다.

- 개인 정체성은 유일한 것일까, 아닐까? 그렇게 생각하는 이

유는 뭐니?

- 마음 깊은 곳에서 생각하는 너 자신의 모습과 네가 되고 싶은 모습은 무엇이니? 그것을 표현할 수 있는 너만의 밑그림을 가지고 있니?
- 네가 어떤 선택을 하도록 이끄는 너만의 기준은 뭐니?

정체성 확립에는 시간이 걸린다

작은 백조 이야기

어떤 오리가 새끼를 낳았는데, 너무 못생긴 나머지 다른 모든 오리 무리에게 버림받았어. 어디에서도 못생긴 오리를 환영하지 않았지. 새끼 오리는 '나는 그저 못생긴 오리일 뿐이야'라고 생각했어. 어느 날 백조의 아름다움을 부러워하던 새끼 오리는 연못에 비친 자기 모습을 보았어. "나도 백조랑 똑같잖아!" 아름다운 새들이 새끼 오리를 환영했고 새끼 오리는 이들과 함께 길을 떠났어. 새끼 오리의 이야기를 들은 장로 백조가 이렇게 말했지. "네가 다른 모든 백조와 같다는 걸 깨닫는 데 시간이 좀 걸렸구나. 이제부터는 네가 얼마나 특별한 백조인지 깨달아야 한단다. 여러 경험을 통해 너만의 독특한 정체성을 만들 수 있을 거야."

— 안데르센 동화 〈못생긴 새끼 오리〉

- 인생에서 스스로를 알고 진정한 자기 자신을 받아들이는 데

시간이 필요하다고 생각하니, 아니면 시간이 필요하지 않다고 생각하니? 그 이유를 설명해보자.

정체성은 변할까, 변하지 않을까?

테세우스의 배

그리스 신화의 영웅 테세우스(Theseus)는 페르시아와의 싸움에서 이기고 돌아왔어. 사람들은 그를 축하하고 승리를 기념하기 위해 테세우스가 타고 온 배를 잘 보존하기로 했지. 그래서 해마다 낡은 판자를 새 판자로 갈았어. 천 년이 흐른 후에도 테세우스의 배는 여전히 그 자리에 있었지만, 원래 배의 판자는 하나도 남아 있지 않았단다.

- 이 배는 여전히 같은 배일까, 아니면 다른 배일까?
- 성장하면서 키도 나이도 달라지고 더 많은 것들을 알게 될 거야. 그래도 너는 여전히 너라고 느낄까, 아니면 네가 아니라고 느낄까?
- '정체성이란 물리적 변화나 생각의 변화에도 불구하고 동일하다고 느끼게 하는 것을 의미한다'는 정의에 대해 어떻게 생각하니?

성찰의 실마리 4

어떤 사람이 될지 선택할 수 있을까?

정체성 수립에 다른 사람의 도움이 중요할까?

- 다른 사람 없이도 우리는 정체성을 수립할 수 있을까? 왜 그렇게 생각하니?
- 다른 사람의 도움이 필요하다면 그 이유는 뭐니?

도움을 받아야 할까, 말아야 할까?

한 프로 스키 선수는 이렇게 말했어.

"주위 사람이 '넌 할 수 있어'라고 말해준 덕분에 성공할 수 있다고 생각해요. 그들은 내가 승자가 될 수 있다는 정체성의 기반을 닦아주었죠."

맞는 말이지만, 때로는 그 반대의 경우도 있어. 주위에서 "너는 아무것도 할 수 없다"고 말하며 자신감을 갖지 못하게 방해하면 너는 패배자가 될지도 몰라.

- 정체성을 수립하는 과정에서 주변 사람들은 어떤 역할을 할까?
- 언제 주변 사람들의 판단에 의존해야 하고, 언제 의존해서는 안 될까? 왜 그렇게 생각하니?

주위 사람은 나를 비추는 거울일까?

셀린느가 이렇게 말했어.

"사촌은 저를 잘 알아요. 저도 몰랐던 제 모습에 대해서 많은 걸 알려주거든요. 그래서 제가 어떤 사람인지 더 잘 알 수 있게 돼요. 그런데 여동생은 아니에요. 걔는 우리가 같은 걸 바라고 있다고 생각하지만 사실은 그렇지 않거든요. 전 여동생이 아니고 여동생은 제가 아니니까요!"

- 주변 사람들은 여전히 너를 있는 그대로 보니?
- 너는 주변 사람의 시선을 정말로 신경 쓰니? 왜 그렇게 생각하니?

서로 다른 의견에 대한 너의 생각은?

"자기 자신을 아는 것은 쉽다."

"남들이 나보다 나를 더 잘 안다."

- 이 두 가지 주장에 대해 어떻게 생각하니? 동의하니, 동의하

지 않니?

정체성은 선택에 달렸을까?

자기 자신 되기에 대한 서로 다른 생각

"살면서 겪는 어려움은 자신을 통제하고 자기 자신이 되는 것을 방해한다."
"인간은 장애물에 부딪힐 때 자신을 발견한다."

— 앙투안 드 생텍쥐페리(Antoine de Saint-Exupéry)

- 위의 두 문장에 대해 어떻게 생각하니?
- 네가 부모라면 아이들에게 뭐라고 말하고 싶니? 왜 그렇게 생각하니?

두 마리 늑대 이야기

한 할아버지가 손자에게 다음과 같은 이야기를 들려주었어.
"우리 마음속에는 늑대 두 마리가 맞서고 있단다. 한 마리는 두려움, 증오, 이기심의 늑대이고, 다른 한 마리는 신뢰, 사랑, 선함의 늑대이지."
손자가 질문했어. "결국 누가 이겨요?"
할아버지는 이렇게 대답했어. "네가 가장 많이 먹이를 주는 늑대란다."

— 북아메리카 인디언 이야기

- 아이가 자신 안에 있는 사랑의 늑대에게 먹이를 주기로 선택하면 어떻게 될까?
- 그 늑대에게 먹이를 주는 방법은 무엇일까?
- 증오의 늑대에게 먹이를 주기로 선택하면 어떻게 될까?
- 그 늑대에게 먹이를 주는 방법은 무엇일까?
- 매일의 생활에서 정체성을 수립하기 위해 자신의 생각과 행동을 선택하는 것이 가능할까, 아니면 불가능할까? 너는 왜 그렇게 생각하니? 예를 들어보자.

한 걸음 더 나아가기

자기 자신으로 존재한다는 느낌은 중요할까?

잉그리드의 깨달음

철들 무렵 잉그리드는 '나는 누구일까?'라는 의문을 품게 되었어. 거울에 비친 자신은 불빛에 따라 하얗게도 보이고 까맣게도 보였지. 할머니는 기분에 따라 잉그리드에게 착한 아이라고도 했다가 나쁜 아이라고도 했다가 종잡을 수 없었어. "우리 딸은 엄마를 똑 닮았어"라는 엄마의 말도 생각났어. "넌 내가 아냐!"라는 앵무새의 대답도 떠올랐지. 하지만 아무도 잉그리드에게 답을 주지 못했어.

그래서 잉그리드는 '나는 누구인가?'라는 의문을 가슴에 품은 채 깊은 생각에 잠길 수 있는 자연 속으로 떠났어. 아이는 쏟아지는 태양과 스치는 바람을 느끼며 자신이 존재하고 있음을 느꼈지. 그리고 과거와 현재, 미래의 가능성을 아우르는 자신의 이야기를 알게 되었단다.

잉그리드는 이렇게 생각했어. '사실 내 삶을 이끄는 건 나 자신이야. 그게 어디든 또 언제든 상관없이 나는 나야.'

- 잉그리드는 "나는 누구인가?"라는 질문에 어떤 답을 찾았니? 너라면 어떻게 대답할까?

자녀는 자신에게 성과 이름이 있음을 먼저 배웁니다. 우리는 성(姓)을 통해 한 가족의 구성원을 다른 사람들과 구별할 수 있습니다. 신분증의 핵심 요소이지요.

'나는 누구인가'를 의미하는 정체성은 한마디로 정의하기 어렵습니다.

- '나'라는 사람은 성과 이름, 신체적 특징(성별, 키, 나이, 눈 색깔 등)으로 정체성이 형성됩니다. 또한 자신만의 역사, 기억, 계획을 통해 심리적 정체성이 구축됩니다. 결국 '나'라는 개인은 정신적으로도, (DNA에 의해) 생물학적으로도 유일무이한 존재인 것입니다.
- 또한 자신과 공통점을 공유하는 다양한 규모와 조직(가족·사회·민족·교회·협회 등)에 속한 구성원이기도 합니다. 특정한 범주에 속하는 다른 개인(소녀/소년·어린이/청소년·프랑스인/한국인 등)과도 많은 유사점이 있습니다.
- 무엇보다도 세상 모든 사람과 공유하는 한 가지 공통점이 있습니다. 바로 내가 인간이고 인류에 속한다는 점입니다. 즉 식물 또는 동물처럼 다른 생물 종과 구별되면서도, 생명체라는 점에서 공통점을 지니지요. 인간이 다른 생물과 구별되는 점, 나아가 인간과 가장 가까운 동물 또는 제일 지능이 높은 동물과 구별되는 점은 무엇일까요? 그것은 생각할 수 있는 능력, 이성을 지닌다는 점입니다. 파스칼이 말했듯이 인간은 의식을 가진 '생각하는 갈대'입니다.

나의 정체성이란 내가 나로 존재하는 것입니다. 내가 되는 것이 나의 정체성이므로 우리는 '성장'에 대해 성찰할 필요가 있습니다. 어떤 아이는 어른이 되기 전에는 불가능하거나 금지된 일을 하고 싶어서 빨리 자라고 싶어하고, 또 어떤 아이는 계속 응석을 부리거나 책임을 지기 싫어서 피터팬처럼 자라고 싶어하지 않습니다.

그렇다면 성장한다는 것은 무엇일까요? 인간은 변화하지만 한편으로 자기 자신에 대해서는 변하지 않습니다. 즉 우리는 어떠한 연속성 안에서 변화합니다. 자녀가 이미 성장하여 과거와 현재를 비교할 수 있는 경험이 있다면 부모는 자녀가 이러한 경험을 바탕으로 자신에게서 이미 변한 것, 앞으로 변할 것, 변함에도 불구하고 남아 있는 것, 바로 자기 자신이 무엇인지 더욱 정교하게 인식하도록 도울 수 있습니다. 이러한 구별법, 다시 말해 유사성과 차이점에 대해 접근하는 방식은 자녀로 하여금 자신이 다른 사람과 비슷하면서도 다르다는 점을 더 잘 이해하도록 하는 데 도움이 됩니다.

자녀가 자신을 더 잘 알도록 이끌어주고 인간을 특징짓는 끊임없는 성장 과정에서 자신의 연속성을 인식하도록 가르치세요. 자신과 비슷한 사람들로 가득 찬 인간 사회에서도 자신의 위치는 유일무이하다는 것을 확신할 것이며 이것이야말로 사회에서 자아를 실현할 수 있는 중요한 요소입니다.

CLASS

2

사랑

인간으로서 누릴 수 있는 완전한 경험

아이는 자신이 좋아하는 사람과 싫어하는 사람,
좋아하는 것과 싫어하는 것을
망설임 없이 곧바로 말하곤 합니다.

이처럼 자녀가 좋고 싫음을 표현할 때
부모는 아이가 다양한 표현 방법을 구별하고,
감정 표현의 정도와 뉘앙스를 발견하여
풍부한 감정 표현을 할 수 있도록
도와줄 수 있습니다.

성찰의 실마리 1

감정 세계 알아보기

네가 좋아하는 것은?

좋아하는 것 나열해보기

- 넌 무엇을 좋아하니? 그리고 어떤 사람을 좋아하니?
- 동물을 좋아하니, 아니면 식물을 좋아하니?
- 네가 좋아하는 활동은 뭐니? 어떤 물건을 좋아하니? 그 이유도 말해줄래?
- '사랑'이란 무엇이라고 생각하니?

좋아하는 것 말하기 놀이

- "만약 사랑이 …라면 …일 거야"로 놀이를 해보자. 만약 사랑이 색깔이라면? 만약 사랑이 동물이라면? 만약 사랑이 풍경

이라면? 만약 사랑이 음악이라면?
- "사랑은 마치 …같아"로 시작하는 여러 문장을 찾아보자.

사랑이라는 말을 구별한다면?

네 주변에서 찾아보자

사람들은 '사랑'이라는 단어를 자주 말하지. 그런데 그게 정말로 정확한 말일까? 아버지를 사랑하는 것과 고양이를 사랑하는 건 어떤 차이가 있지? 물건을 사랑하고 음악을 사랑한다는 건 무슨 뜻일까? 또 부모님과 친구들을 사랑한다는 건 뭘까? 신을 사랑하고 누군가를 사랑하는 건 같은 것일까?

- 다음 두 가지 명제는 어떻게 구별할 수 있을까?
  "나는 우리 강아지를 사랑해"와 "나랑 놀아줄 때 우리 강아지를 사랑해".
  "나는 우리 엄마를 사랑해"와 "나를 껴안아줄 때 우리 엄마를 사랑해".

네가 좋아하지 않는 것은?

- 좋아하지 않는 사람이나 동물, 싫어하는 활동이나 물건 등이

있니? 그 이유는 뭐니? 좋아하지 않는 마음을 바꿀 수 있다고 생각하니?

- 사랑과 그 반대를 표현하는 단어를 각각 두 줄로 분류해보자. 예를 들면 애정, 경멸, 따뜻함, 친절함, 심술궂음, 증오, 잔인함, 연대, 야만성 등은 어떻게 분류할 수 있지?

이따금 "어릴 때는 피아노 치는 것을 좋아하지 않았는데, 지금은 무척 좋아해" 또는 "어려서는 의사 선생님이 싫었는데, 이제는 친구 같아"라는 말을 듣고는 하지.

- 너도 이전에 좋아하지 않았지만 지금은 좋아하는 물건이나 사람이 있니? 그 이유는 뭐니?

성찰의 실마리 2

사람을 사랑하는 방법은 한 가지일까?

우리는 사랑하지 않거나 사랑받지 않고 살아갈 수 있을까? 사랑은 우리에게 무엇을 줄까?

가족은 어떤 방식으로 사랑할까?

- 부모님에게는 사랑을 어떻게 표현하니? 형제자매에게는?
- 가족이 너에게 사랑을 표현하면 너는 어떤 식으로 고마움을 표현하니?
- 할아버지와 할머니에게는 어떻게 사랑을 표현하니? 친척이나 사촌 등 다른 가족 구성원에게는 어떠니?
- 가족에 대한 사랑은 삶에서 중요할까?

- 중요하다면 왜 그렇게 생각하니?

모르는 사람을 사랑할 수 있을까?

우리 이웃 중에 한 번도 세계 여행을 해본 적은 없지만 외국에 사는 아이에게 소포를 보내는 어떤 아주머니가 있어. 그녀가 이렇게 말했어.

"저는 고아들을 후원합니다. 그 아이들은 제 자식과도 같아요."

- 이 사람의 감정을 이해할 수 있니? 너도 같은 감정을 느끼니, 아니면 느끼지 못하니? 그 이유는 뭘까? 만약 그렇다면 어떤 상황에서 느낄 수 있을까?

친구는 어떤 방식으로 사랑할까?

- 단짝 친구와 같은 반 친구는 어떤 차이가 있을까?
- 우정을 한마디로 정의한다면 무엇일까?

친구 사이의 우정은 어떤 걸까?

"티나, 얘가 네 친구니?"

"네, 제 비밀을 털어놓는 친구예요. 걔는 저를 잘 알아요."

"너도 그 아이를 잘 알고 있니?"

"네, 얘가 무작정 서두를 때가 있는데 그런 때 실수하지 않도록 말려요."

"같이 토론도 하니?"

"그럼요. 암벽등반도 하고요. 책이랑 영화도 같이 봐요."

"취미가 비슷하구나?"

"만날 그런 건 아니고요."

"티나의 어떤 점이 마음에 드니?"

"일단 착하고요, 기타도 잘 쳐요."

"마음에 안 드는 점도 있니?"

"제 물건을 빌려가서는 안 돌려줘요."

"그 애는 너의 어떤 점이 마음에 안 든다니?"

"제가 분위기를 잘 깬대요."

"말다툼도 하니?"

"가끔요. 근데 오래가지는 않아요. 우리는 나중에 각자 남자친구가 생겨도 쭉 친구로 남을 것 같아요."

- 친구에 관한 티나의 말에 대해 어떻게 생각하니?
- 너는 친구를 사귈 때 어떤 점을 중시하니?

진정한 우정이란 무엇일까?

- 다음 두 문장에서 우정의 개념은 동일할까?

  "전 친구를 좁고 깊게 사귀어요."

  "저는 페이스북에 친구가 많아요."

- 『어린 왕자』의 다음 구절에 따르면 진정한 우정은 어떻게 만들어진다고 생각하니?

  "넌 아직 내게 수많은 소년과 비슷한 한 명의 소년일 뿐이야. 네게 나는 수많은 여우처럼 그저 한 마리 여우일 뿐이지. 하지만 네가 나를 길들인다면 우리는 서로를 필요로 하게 될 거야. 넌 내게 이 세상에서 하나뿐인 존재가 되는 거야. 난 네게 세상에서 하나뿐인 존재가 될 거고…."

  — 앙투안 드 생텍쥐페리(프랑스의 비행사이자 작가)

- 누군가를 '길들이는' 것이 왜 그 사람을 하나뿐인 존재로 만드는 걸까?
- 누군가에게 하나뿐인 존재가 된다는 건 무슨 뜻일까?

사랑에 빠진다는 건 무슨 뜻일까?

"언니가 사랑에 빠졌어요. 남자친구를 보면 볼수록 행복해진대요. 언니 남자친구는 언니가 제일 예쁘고 최고로 멋지고 누구보다 훌륭하다고 말해줘요."

- 사랑에 빠지는 건 어떤 거라고 생각하니?
- 사랑은 우정과 어떤 차이가 있을까?
- 누군가에게 끌린 적이 있니? 사랑은 어떻게 생겨난다고 생각하니?

진정한 사랑이란 무엇일까?

- 첫눈에 반한다는 건 뭘까? 불꽃처럼 확 타올랐다 꺼지는 감정일까? 덧없이 지나가는 순간적인 감정일까?
- 누군가를 진정으로 사랑한다는 것은 장점과 단점을 모두 포함해서 그 사람을 있는 그대로 사랑하는 것일까, 아니면 단지 외모가 보기 좋기 때문에 사랑하는 것일까?
- 다음 문장에 대해 어떻게 생각하니?

  "사랑한다는 것은 서로를 바라보는 것이 아니라 함께 같은 방향을 바라보는 것이다." — 앙투안 드 생텍쥐페리

서로 상반되는 생각들

우리는 "사랑에 눈이 먼다"라고 말하기도 하고 "진정한 것은 마음으로만 볼 수 있다"라고 말하기도 하지.

우리가 사랑에 눈이 멀게 되는 이유는 무엇일까? 또 어떻게 마음으로 명확하게 볼 수 있을까?

성찰의 실마리 3

사랑은 변하는 걸까, 변하지 않는 걸까?

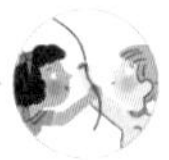

사랑은 변함없이 흐르는 강물과 같을까?

어머니의 사랑

어떤 어머니의 자녀에 대한 사랑을 놓고 토론이 벌어졌어. "때로는 사랑도 변해야 해요. 평생 아이를 두 살배기처럼 대하는 엄마는 아이를 사랑하지 않는 거나 마찬가지예요."
"그 엄마는 자기 아이를 사랑하지만 올바르게 사랑한다고 할 수는 없어요."
"그럼 자녀를 '올바르게 사랑한다'는 건 무엇일까요?"
"나이를 생각해야겠죠. 시간이 지나면서 사랑의 방식도 변하는 거겠죠."

- 부모와 자녀 사이의 사랑이 지속되기 위해서는 변화가 필요

할까, 필요하지 않을까? 너는 왜 그렇게 생각하니?

할머니 이야기

시간은 사랑을 죽일 수도 있어요. 결혼한 지 50년이 지나자 할머니는 우울증에 시달리셨어요.
하지만 할머니는 계속 되풀이해서 말씀하세요. "난 젊었을 때보다 지금 네 할아버지를 더 사랑한단다. 그동안 살면서 많은 일을 함께 나눴지!"

- 시간이 지속되면 사랑이 더 단단해질까, 아니면 약해질까? 왜 그렇게 생각하니?

너는 행복하니, 아니면 불행하니?

- 가정에서나 밖에서 사랑받고 있다는 느낌은 너에게 어떤 영향을 줄까?
- 사랑이 없으면 어떻게 될까? 언제 사랑을 잃어버릴까 두렵니? 언제 버림받았다고 느끼니?
- 우리는 왜 사랑하는 사람들에 대해 염려하게 될까?

슬픔에 대해 생각해보기

제인의 남자친구는 그녀를 고통스럽게 해. 제인을 더 많이 사랑하지 않기 때문이지. 하지만 사실 1년 전에는 제인이 남자친구를 떠났던 적도 있어. 남자친구를 덜 사랑했기 때문이지.

- 상대방의 요구를 항상 들어주는 일은 과연 쉬울까?

여동생이 태어나자 오스카는 매우 행복했어. 하지만 엄마는 동생만 돌봐. 엄마는 이렇게 말하지. "오스카, 너는 다 컸어! 혼자서도 다 할 수 있단다!" 아빠조차도 동생이 쓸 방을 준비하느라 오스카와 놀아줄 시간이 없어. 오스카는 부모님의 사랑을 빼앗은 여동생과 자신을 버린 부모님을 미워하게 되었어.

- 오스카가 행복하다가 슬퍼진 이유는 무엇 때문일까? 오스카는 무엇이 두려울까?
- 오스카가 질투심에서 벗어나도록 도와주려면 무슨 말을 해줘야 할까?
- 부모님이 오스카를 이해할 수 있도록 오스카의 부모님에게 뭐라고 말하면 좋을까?
- 왜 오스카의 감정은 사랑에서 증오로 변했을까? 오스카와 같은 반응을 이해할 수 있니?
- 어른들도 이렇게 반응할 수 있을까?

사랑의 기쁨에 대해 생각해보기

"서로 사랑하는 한, 그곳에는 결코 밤이 오지 않는다."

— 아프리카 속담

사람은 사랑하고 사랑받고 있다고 느낄 때 삶이 빛나는 것 같은 기쁨을 맛보곤 하지. 그런 기쁨을 경험한 적이 있는지 말해보자.

- 가족이 서로 사랑할 때, 아빠, 엄마, 자녀는 각각 어떤 기쁨을 느낄까?

"사랑에서 오는 행복은 주고받음이 합쳐지는 경이(驚異)다."

— 모리스 샤플랑(Maurice Chapelan, 프랑스의 저널리스트이자 시나리오 작가)

- 사랑을 주고받는다는 걸 형태로 나타내면 어떤 모양일까?

성찰의 실마리 4

사랑은 성장에 도움이 될까?

- 삶에서 성장한다는 것은 무엇을 의미할까? 사랑은 우리가 변화하고 성장하는 데 도움이 될까, 아니면 도움이 되지 않을까?

삶의 변화를 받아들여야 할까, 말아야 할까?

피에르와 모드는 원래 자신의 편안함만을 생각했어. 처음 만났을 때는 서로의 습관을 맞추느라 애를 먹었지. 시간이 흐르자 함께 살면서 서로를 배려하는 법을 배웠고 같이 외출하고 여행하는 즐거움을 알게 되었어. 그러다 아이가 태어난 이후로는 모든 생활을 아이 중심으로 바꾸었지.

알반은 소꿉친구인 파블로가 돈을 빌리고 갚지 않자 화가 났어.

이러한 불화는 파블로의 마음에 부담을 주었지만 알반은 여전히 깊이 분노하고 있었지. 나중에 파블로가 아프다는 사실을 알게 된 알반은 우정이 가장 중요하다는 것을 깨닫고 파블로에게 사과하게 돼.

- 이 두 이야기에서 등장인물들은 삶의 변화를 받아들였을까? 이들은 어떤 변화를 겪었을까?
- 등장인물들이 변화하기로 결심하지 않았다면 각자에게 무슨 일이 일어났을까?

한 걸음 더 나아가기

더 깊이 생각해볼 것들

- 다음의 각 인용문을 설명하고 의견을 말할 수 있니?

  "심장을 따라가되 머리도 잊지 말라."

  — 알렉상드르 아들레르(Alexandre Adler, 프랑스 역사가이자 저널리스트)

  "타인을 있는 그대로 받아들일 줄 아는 것, 그 사람이 찾은 행복을 기뻐하는 것, 그가 가진 추함과 아름다움, 장점과 단점을 아울러 전부 사랑하는 것, 이것이 사랑과 이해의 조건이다. 사랑은 타인에 대한 관대함, 용서, 존중의 미덕이기 때문이다."

  — 마틴 그레이(Martin Gray, 폴란드 출신의 홀로코스트 생존자이자 작가)

어떻게 하면 자녀가 사랑의 감정 외에도 사랑의 복잡성에 대해 생각하도록 도울 수 있을까요? 예를 들어 영어에서는 사람에 대한 사랑은 love, 사물에 대한 사랑은 like를 사용합니다. 그러므로 사람과 사물에 대해 자신이 각각 다른 관계를 맺고 있음을 명확히 구별하도록 이끌어줄 필요가 있습니다.

자녀와 함께 사랑의 표현 방식을 분석해보세요. 자녀가 무엇을 느끼는지, 어떻게 느낌을 말과 몸짓으로 표현하는지, 어째서 때로는 "사랑해요"라고 말하는 것이 어려운지 알려줄 수 있는 방법은 무엇일까요? 그리고 사랑의 반대인 증오, 경멸, 무관심이 무엇인지도요. 우정은 자녀에게 중요한 문제입니다. 친구를 잃는다는 것은 부모가 이해하고 지지해줘야 하는 슬픔의 근원입니다. 왜냐하면 또래 친구 사이에는 '자신의 비밀'을 공유할 수 있는 특정한 유대관계가 형성되기 때문입니다. 우정은 우리의 기분을 즐겁게 하고 또 각자에게 유용합니다. 아리스토텔레스에 따르면 우정은 이보다 더 근본적인 미덕으로 상호 의무, 때론 노력이 필요하지만 애정에 기반한 지지, 특히 어려운 상황에서의 헌신과 충실함도 포함합니다.

우정과 사랑은 정서적으로 함께 있다는 기쁨을 주는 공통점이 있지만, 육체적 친밀감과는 구별되는 욕망을 의미한다는 점에서 차이가 있습니다. 자녀가 사랑에 대한 감정을 표현하고 교류할 기회를 주는 것은 반드시 필요합니다. 누군가에게

첫눈에 반해 사랑에 빠지면 설렘과 두근거림, 사랑의 속삭임과 스킨십 등의 애정 표현 방식을 경험하게 됩니다. 부모는 자녀의 나이와 성숙도에 맞춰 표현 방식을 조언할 수 있습니다.

또한 현실적인 관점에서 사랑은 생명처럼 태어나고 성장하며 때로는 시들거나 죽는다는 사실을 깨닫게 하는 것이 좋습니다. 사랑은 항상 상호적인 것은 아니어서 시간과 시련을 거치며 변하는 경우도 많습니다. 이러한 사실은 자녀가 어른들 사이의 어려운 상황을 이해하게끔 하는 데 도움이 됩니다. 이 밖에도 사랑은 서로 나누는 것이라는 생각을 받아들이도록 하면 자녀는 상대적인 관점에서 질투라는 감정을 바라볼 수 있습니다.

무엇보다 사랑과 행복 사이의 연관성에 대해 생각하는 것이 중요합니다.

사랑은 안정과 인정에 대한 욕구를 채우고 자기 중심성에서 벗어나도록 합니다. 또 상호관계를 맺고 공동의 계획을 향해 나아가도록 합니다. 사랑은 주는 사람과 받는 사람의 내면을 동시에 풍요롭게 함으로써 인간으로서 누릴 수 있는 완전한 경험을 선사합니다.

CLASS

3

가족

나를 지켜주는 울타리이자 인생의 첫 배움터

가족이라는 주제는
안정감이라는 긍정적 감정뿐만 아니라
반감이라는 부정적 감정도 포함합니다.

이번 수업은 부모와 자녀 사이의
강력한 유대관계를 인식할 수 있는 기회입니다.
부모와 자녀가 함께 성찰하면
서로를 더 잘 이해하고 소통할 수 있으며,
결과적으로 함께 더 행복하게 살아갈 수 있습니다.

성찰의 실마리 1

나에게 가족은 어떤 존재일까?

우리 가족은 어떻게 이루어져 있을까?

해피 패밀리 놀이

❶ **가족 카드 수집해보기** 누구와 함께 살고 있니? 너희 가족과 같은 도시에 살고 있는 친인척이 있니? 아니면 그 사람들은 더 멀리 살고 있니?
부모님 외에 가장 많이 보는 사람은 누구니? 제일 드물게 보는 사람은 누구니?

❷ **가족 구성원 구별해보기** 부모님과 조부모님의 차이점은 뭘까? 엄마와 아빠의 차이점은? 아버지와 삼촌, 어머니와 이모의 차이점은? 남자 형제와 여자 형제의 차이점은? 형제자매와 사촌지간의 차이점은? 너를 중심으로 어떤 관계(촌수)를 맺고 있니?

가족의 초상화

- 너희 가족을 풍경에 비유하면 어떤 풍경일까? 그 이유는?
- 만약 교통수단에 빗댄다면 어떨까? 계절이라면? 날씨라면?

가족의 다양한 형태를 알아보자

네 주변 사람들의 가족

조에는 부모님이랑 여동생과 함께 살아. 디두는 어머니와 함께 두 아들을 둔 의붓아버지 댁에서 살지. 캐시는 때로는 아버지를, 때로는 어머니를 보러 가. 넬리는 어머니와 살고, 프레드는 아버지와 살아.

- 모든 가족의 모습이 같은 것은 아니며 우리는 가족을 선택하지 못한단다. 가족의 형태가 어떠하든 간에 여럿이 함께 사는 것을 더 쉽게 만드는 것은 무엇일까?

세계 곳곳의 가족

- 다른 나라에는 가족의 구조나 부모와 자녀 관계가 어떻게 이루어져 있는지 책이나 인터넷을 통해 정보를 찾아보자.
- 네가 에스키모족의 이글루에서, 아프리카의 한 마을에서, 중국의 어느 농민 가정에서 태어났다고 상상해보렴. 어떤 가정에서 어떻게 살아갈 것 같니?

성찰의 실마리 2

사람에겐 가족이 왜 필요할까?

빅토르(Victor) 이야기

'아베롱(Aveyron)의 야생 소년'에 대해 들어봤니? 1790년에 아베롱 숲에서 혼자 살고 있는 12세 소년이 발견되었어. 이 소년은 아주 어렸을 때 버려져서 벌거벗은 채 도토리와 풀뿌리를 먹고 자랐고 네 발로 뛰어 다녔지. 그는 인간의 언어를 말하지도 이해하지도 못했어. 특히 배가 고플 때면 몸을 흔들고 물어뜯고 소리를 질렀어. 청각장애를 연구하는 언어학자이자 의사가 이 소년에게 빅토르라는 이름을 붙이고 그를 사회화하려고 노력했지만, 빅토르는 결국 말하는 법을 배우지 못한 채 세상과 단절되어 살았다고 해.

- 만약 빅토르에게 가족이 있었다면 그들은 빅토르에게 어떤

역할을 할 수 있었을지 말해볼까?

- 빅토르가 사랑이 넘치는 안전한 가정에 입양되었더라면 성장하는 데 도움이 되었을까? 왜 그렇게 생각하니?

부모님의 가르침에 대한 의견 말해보기

부모님은 우리에게 무엇을 가르칠까?

- 너의 부모님은 너에게 걷고 말하고 씻는 법을 어떻게 가르치셨니?
- 부모님이 건강하게 지내려면 어떻게 해야 한다고 알려주셨니? 집에서, 길거리에서, 인터넷에서 위험으로부터 자신을 보호하려면 어떻게 해야 하지? 또 다른 사람들과 잘 지내기 위해서는 어떻게 해야 한다고 가르쳐주셨니?

가족에게 배우면 어떤 도움이 될까?

- 가족으로부터 스스로 해내는 법을 배우는 것이 중요하니? 왜 그렇게 생각하니?
- 가족에게서 무엇을 해야 하거나 하지 말아야 하는지 배우면 어떤 쓸모가 있을까? 왜 그렇게 생각하니?
- 너라면 너보다 어린 아이에게 무엇을 가르쳐줄 수 있니?

성찰의 실마리 3

부모님은 항상 우리와 잘 맞을까?

왜 부모님과 의견이 대립할까?

관심이 너무 많거나 너무 적은 부모님

한 소년이 한숨을 쉬며 말했어.

"너희 부모님은 좋으신 편이지. 너를 돌봐주시잖아."

친구도 한숨을 쉬며 말했어.

"글쎄, 우리 부모님은 항상 뒤에서 날 감시하시는걸. 넌 적어도 네가 원하는 걸 하잖아!"

그러자 그 소년은 "우리 부모님도 내가 하는 일에 관심을 가져줬으면 좋겠어. 하지만 항상 바쁘시지…"라고 말했어.

- 이 대화를 어떻게 생각하니?
- 네가 생각하는 '좋은 부모'란 어떤 부모니? 또 '나쁜 부모'는?

누구에게는 좋지만 누구에게는 좋지 않은 부모님

릴루와 레아는 한 가정에서 똑같이 사랑받는 두 자매야.

"우리 부모님은 정말 최고예요! 저희를 보호해주세요."

릴루가 말했어. 그러자 레아는 이렇게 말해.

"하지만 부모님은 본인들이 원하는 걸 우리한테 다 시키잖아! 난 그게 싫어."

그 말에 릴루가 이렇게 말하지.

"다 우리 잘되라고 그러시는 거야!"

- 릴루와 레아 중 누구의 말이 더 가깝게 느껴지니? 왜 그렇게 생각하니?

서로 상반되는 주장들

"가족은 우리가 성장하고 자아실현을 하도록 도와준다."

"가족은 내가 진정한 삶을 사는 것을 방해한다."

- 둘 중 어떤 입장을 지지하니? 왜 그렇게 생각하니? 너의 생각을 증명해보자.

갈등을 조절하려면 어떤 노력이 필요할까?

다음 두 가지 제안, 즉 서로 이해하려고 노력하는 것과 현재의 상황을 상대화해보는 것에 관해 성찰하고, 다른 해결책도 찾아보자.

서로 이해하려고 노력하기

- 너는 부모님에게 무엇을 바라니? 부모님은 너에게 무엇을 바란다고 생각하니?
- 만약 너를 닮은 아이를 가진다면 너는 무엇을 바랄 것 같니?
- 다음 문장에 대해 어떻게 생각하니?

"모든 부모는 좋은 부모다. 그렇다고 부모에게 말하기만 하면 된다."

— 마리-클레르 블레(Marie-Claire Blais, 캐나다 출신의 작가)

현재의 상황 상대화해보기

- 부모가 되면 무엇이 달라질까? 다음 문장에 대해 어떻게 생각하니?

"우리는 살면서 부모에게서 벗어나기 위해 온갖 짓을 다 하다가, 어느 날 부모가 되고 만다."

— 프레데리크 베그베데(Frédéric Beigbeder, 프랑스 작가이자 문학평론가)

성찰의 실마리 4

가정에서 어떻게 사랑을 배우고 경험할까?

- 가족과 함께한 최고의 순간은 언제니? 왜 그렇게 생각하니?
- 가족과 함께한 시간 중 가장 마음에 들지 않았던 순간은 언제니? 왜 그렇게 생각하니?
- 크리스마스, 생일 등 '가족 행사'를 어떻게 보내니?

갈등에 맞닥뜨렸을 때

자녀의 입장

루이는 부모님이 '멋지다'고 생각해. 루이의 부모님은 그가 운전면허 따는 것을 도와주기 위해 운전 연습에 같이하기로 결정하셨거든.

여기까지는 아무런 문제가 없었어! 그러나 부모님은 스쿠터를 타는 것은 안 된다고 하셔. 버스로도 계속 여행할 수 있다면서 말이야. 스쿠터를 타는 친구의 부모님은 루이의 부모님보다 훨씬 멋진 걸까?

- 루이는 왜 때로는 부모님에게 만족하고, 때로는 불만을 품을까?
- 자녀를 사랑한다는 건 항상 "그래"라고 말하는 것일까?

부모님이 화를 내는 이유는?

라파엘의 부모님은 "라파엘이 봉사심이 많아 정말 운이 좋다"고 말씀하셔. 그러나 생활통지표에 적힌 '학업에 노력하지 않음'이라는 문장을 보면 매우 화를 내면서 "우리 집에 열등생이 있다니 운도 지지리 없지"라고 소리 지르시지.

- 부모님은 어째서 자녀에 대해 이토록 정반대의 의견을 표현하는 걸까?
- 부모님이 소리친다고 해서 라파엘을 정말로 싫어한다고 생각하니?

형제자매간의 다툼은 꼭 나쁜 걸까?

브루넷 가족은 부모님, 아들 셋과 여섯 살짜리 막내딸까지 모두 여섯 식구야. 부모님의 '사랑둥이' 막내는 오빠들의 장난을 부모님께 항상 '일러바쳐서' 혼나게 만들곤 하지.

그래서 3형제는 여동생에게 무뚝뚝하게 대해. 하지만 가족 외에 누군가가 여동생을 놀리거나 겁주려고 하면 삼총사처럼 '하나를 위한 모두'로 똘똘 뭉친단다. 세 오빠들이 삼총사가 되어 하나뿐인 여동생을 보호하는 거지!

- 형제자매가 있어서 좋았거나 나빴던 순간을 말해주겠니?
- 우리는 형제자매와 왜 다투게 되는 걸까? 다투지 않을 방법이 있을까?
- 싸우면 애정이 줄어들까, 아닐까? 왜 그렇다고 생각하니?

독립이 필요할 때

에스텔은 가족을 사랑해. 부모님은 어떤 문제에서는 완고하시지만 대체로 이해심이 많으시지. 그런데 에스텔은 가족의 품을 떠나려고 해. 고등학교를 졸업하면 원룸을 얻어 대학생활을 하고 싶어서지. 에스텔은 집을 떠나는 것에 대해 이렇게 말해.
"부모님과 여동생이 그립겠지만 저는 독립해도 잘 살아갈 것 같아요!"

- 부모님을 사랑하지만 독립하고 싶어하는 감정은 당연한 걸까?
- 독립한다고 해서 사랑하거나 사랑받는 감정이 사라질까?
- 가족과 연을 끊지 않고 독립하는 게 가능할까? 어떻게 가능할까?

가족의 사랑은 행복한 삶을 위해 중요할까?

경험 돌이켜보기

- 가족에게 사랑받아 매우 행복했던 순간이 있니?
- 한때 가족끼리 의견이 충돌한다고 해서 서로 사랑하고 행복하게 지낼 수 없는 걸까?
- 나중에 자녀가 생긴다면 가족으로서 그 아이에게 어떤 행복을 주고 싶니?

생각 마무리하기

"가족의 사랑을 중심으로 모든 것이 돌아가고, 모든 것이 빛난다."

— 빅토르 위고(Victor Hugo)

- 가족애는 소중할까, 아니면 소중하지 않을까? 그렇게 생각하는 이유는 뭐니?
- 가족의 사랑이 없다면 다른 무엇을 통해 정서적 풍요와 행복을 누릴 수 있을까? 예를 들어보자.

"웃음꽃이 피어나는 가정은 다른 어떤 조직보다 훨씬 결속력이 강하다." — 앙리 루빈스탱(Henri Rubinstein, 프랑스의 의학박사이자 신경계 기능연구 전문가)

한 걸음 더 나아가기

가족의 역할에 대한 의견을 말해보자

교육이란 무엇일까?

"자녀에게 교육이란 식물에게 물과 같은 존재다."

— 두도빌 라로슈푸코(Doudeauville La Rochefoucauld, 프랑스의 정치가이자 자선사업가)

"무릇 교육이란 엄하면서도 따뜻해야 한다. 무르고 차가운 것은 교육이 아니다."

— 조제프 주베르(Joseph Joubert, 프랑스 작가)

- 위의 교육에 대한 생각에 대해 동의하니? 그렇게 생각하는 이유는 뭐니?

"아이를 낳는 것만으로는 충분하지 않다. 아이를 세상에 데려와야 한다."

— 보리스 시륄니크(Boris Cyrulnik, 프랑스의 신경정신의학자이자 비교행동학자)

- 여기에서 '세상에 데려와야 한다'는 건 무슨 뜻일까?

지지한다는 것은 무엇일까?

"모든 일이 다 잘되어갈 때는 다른 사람을 믿을 수 있다. 반면, 잘되는 일이라곤 하나도 없을 때는 가족밖에 믿을 사람이 없다." — 속담

"가족은 놀라운 자산이다. 기쁠 때나 슬플 때, 가장 행복한 순간이나 가장 힘든 순간을 마주 대할 수 있게 하는 힘의 원천이다."

— 셀린 디옹(Céline Dion, 가수이자 작곡가)

- 위의 문장에 대해 어떻게 생각하니? 이것 말고도 가족이 수행할 수 있는 다른 역할이 있다면 무엇일까?

자기 가족이 어떤 형태의 가족인지 알도록 도와주세요. 자녀와 대화를 통해 동거, 시민연대계약(PACS), 이혼 가정, 한부모 가정, 의붓 가정 등 다양한 형태의 가족이 존재한다는 것을 생각할 기회를 주세요. 또한 가족의 형태는 나라마다 다르다는 사실도 알려주세요. 이를 통해 자녀는 거리를 두거나 낯설었던 것에 익숙해지고 차이에 대해 포용적인 태도를 기를 수 있습니다.

가족을 하나의 '기관'으로 접근하는 방식도 있습니다. 자녀에게 가족이 어떤 역할을 수행하는지 물어보세요. 자녀가 사는 곳, 교육받는 곳, 공동체 생활에 필요한 규칙을 학습하는 곳, 허용되는 것과 금기를 가르치는 사회의 축소판이 무엇인지에 대해서 말입니다. 앞서 봤던 교육을 받지 못한 '늑대 소년 빅토르'의 사례는 가족이나 가족의 대체 기관이 필수 불가결하다는 점을 확인시켜줍니다. 자녀는 그 이야기를 통해 '최초의 사회화', 즉 신체적, 정서적, 지적 발달이 얼마나 중요한지를 깨달을 것입니다. 또한 부모와 조부모가 가진 교육관의 차이, 형제자매에게서 배우는 유익함에 대해 강조할 수도 있습니다.

가족은 구성원을 보호하고 지원하며 함께하지만 규칙을 제시하고 한계를 설정하기도 합니다. 자녀는 이를 불쾌하게 여기기도 하므로 결국 생활을 불편하게 만드는 원인이 됩니다. 사이가 너무 가까우면 서로 짜증을 내게 마련이니까요. 이처럼 가족은 갈등이 생겨나는 장소이기도 합니다. 때로 오해나 몰이해의 대상이 되는 불허와 금지 때문이지요. 이런 제재는 뒷날 이해하게 되더라도 그전까지는 욕망의 실현을 방해하는 장애물로 남아 있습니다. 형제자매에게 느끼는 질투는 부모가 자기 자신만을 위해주기 원하거나 남의 물건을 빼앗고 싶게 합니다. 그러나 성찰하는 습관을 기르면 이러한 갈등을 해결하는 데 도움이 됩니다.

자녀의 독립은 교육의 목표입니다. 그러나 실제로 독립은 복잡한 과정입니다. 왜냐하면 부모와 자녀 모두에게 양가감정이 있기 때문입니다. 부모는 자녀가 성장해서 집을 떠나 새로운 인생을 출발했으면 하면서도, 동시에 집에 머물렀으면 합니다. 한편 자녀는 항상 '등 뒤에서 감시'하는 부모님을 떠나고 싶어하지만, 동시에 미지의 세계에 대한 두려움을 느낍니다. 함께 성찰하는 것은 이러한 두려움과 욕망의 타래를 풀고 자녀가, 더불어 부모가 서로 독립하는 과정을 단순하게 받아들이도록 도와줍니다.

CLASS

4

학교

배우는 기쁨과 관계의 즐거움이 있는 곳

부모는 종종 자녀에게 학교에서 무엇을 했는지,
또 시험에서 몇 점을 받았는지 묻습니다.
그러나 자녀의 학교생활에 대해
다르게 접근할 수 있는 방식이 있습니다.
덜 규범적이면서도 더 깊이 성찰하고
더 다독여주며 훨씬 더 즐거운 방식으로요.

성찰의 실마리 1

너와 학교는 어떤 관계일까?

학교에 대한 너의 의견은 어떠니?

- 학교에 가는 게 즐겁니, 아니면 즐겁지 않니? 왜 그렇게 생각하니?
- 수업 시간, 쉬는 시간 등 학교에서 보내는 시간 중에 어떤 시간이 즐겁니?
- 싫은 시간은 언제니? 그 이유는 뭐니?

학교는 무슨 역할을 할까?

- 학교는 현재 무슨 역할을 할까? 그리고 나중에는 어떤 역할

을 할 것 같니?

- ‘배우다’라는 건 무슨 뜻일까? 학교에서 무엇을 배우니?
- 학교에 다니지 않는다면 어떻게 될까?

논증 주고받기

뤽이 이렇게 말했어.

“인터넷이랑 TV를 보면 학교에서 배우는 것보다 더 많은 걸 배울 수 있어.”

소피가 뤽의 말에 반박했지.

“세상에 정보는 수없이 많고 그중에는 거짓 정보도 있어. 학교에서는 정보를 분류하는 법을 배우는 거야.”

“어쨌든 배워봤자 실생활에 도움이 되지 않는 과목이 있는 것도 사실이야!”

“그렇기는 하지만 생각하고 이해하는 법을 배우는 건 언제나 쓸모 있다고 생각해. 유용하지는 않지만 새로운 걸 알면 기분이 좋잖아. 교양이란 바로 그런 거야.”

“음, 난 구체적인 지식이 좋아. 결국 경험을 넘어서는 건 없다고 봐.”

“정신을 훈련하면 더 올바르게 행동할 수 있어. 정신이랑 행동은 상호 보완적인 관계니까.”

- 학교에서 배우는 내용이 유용하다고 생각하니?
- 유용하다면 왜 그렇게 생각하니?

더 깊이 생각하기

“우리가 학교에서 배우는 놀라운 지식은 전 세계 각국에서 많은 수고와 열정적인 노력을 지불하고 수많은 세대를 거쳐 만들어진 작품이다. 이 모든 것이 유산처럼 당신의 손에 쥐어진다.”

알베르트 아인슈타인(Albert Einstein)

- 이 말에 대해 어떻게 생각하니?

“우리는 이성을 계발하고 자신에 대해 성찰하기 위해, 그리고 자율적으로 생각하는 능력을 함양하기 위해 학교에 다닌다.”

— 엘리자베트 바댕테르(Elisabeth Badinter, 프랑스 철학자이자 작가)

- 이 의견에 찬성하니? 성찰을 통한 배움과 일상생활에 상관관계가 있다고 생각하니?

“학교의 문을 여는 자는 감옥의 문을 닫는다.” —빅토르 위고

- 이 말을 어떻게 해석할 수 있을까?

성찰의 실마리 2

너의 학교생활은 어떠니?

점수는 무슨 역할을 할까?

- 점수는 어디에 쓸모가 있다고 생각하니? 점수는 꼭 필요할까, 아니면 점수가 없어도 괜찮을까?

자신을 누구와 비교해야 할까?

학생 3명이 국어 시험에서 20점 만점에 13점을 받았어.
한 학생이 "지난번에는 12점이었는데, 이번에는 점수가 더 올랐어! 나는 조금씩 나아지고 있다고"라고 말했어.
"이번에는 내가 티에리보다 점수가 낮네"라고 다른 학생이 얼굴을 찌푸리며 말했어.
남은 한 명이 의기양양해서 이렇게 외쳤어. "드디어 내가 노에를 제쳤다!"

- 너라면 세 가지 반응 중 어떤 반응을 보일 것 같니? 왜 그렇게 생각하니?
- 위의 세 가지 태도 중에서 어떤 태도가 제일 마음에 드니? 그렇게 생각하는 이유는 뭐니?

점수를 비교할 때 주의할 점은 무엇일까?

학생 2명이 지리학 시험에서 0점을 받았어.

한 명이 "난 멍청이야"라고 말하자, 다른 한 명은 "이번 학기는 망쳤네"라고 말했어.

- 너라면 뭐라고 말했을 것 같니?
- 위의 두 가지 반응에는 어떤 차이가 있니? 어떤 반응이 정당할까? 왜 그렇게 생각하니?

점수의 역할에 대한 올바른 생각

학생 3명이 수학 숙제에서 20점 만점에 8점을 받았어. 첫 번째 학생은 평균 점수를 올리지 못했다며 좌절했고, 두 번째 학생은 선생님이 일부러 "점수를 깎았다"며 화를 냈어. 세 번째 학생은 실망하기는 했지만 더욱 노력하기로 결심했어.

- 너라면 어떤 반응을 보였을 것 같니? 그렇게 생각하는 이유는 뭐니?
- 초등학생에게 가장 필요한 반응은 뭘까? 왜 그렇게 생각하니?

훈련과 규칙이 필요한 이유

- 학교의 역할은 뭘까? 우리는 규칙이 없이도 살아갈 수 있을까?
- '권위'란 무엇을 의미할까?
- 규칙은 반드시 권위적인 걸까?

규칙에 대한 생각

- 교칙이란 뭘까? 학급 규칙은 뭘까?
- 이 둘은 어떤 역할을 할까?

공동의 규칙이 없는 반이 있다고 가정해보자.

- 규칙이 없으면 어떤 일이 벌어지게 될까? 공동체 생활을 할 때 모두가 규칙을 준수하는 것이 필요한 이유는 무엇일까?
- 선생님들은 왜 실내 정숙을 그렇게 중요하게 여길까? 네가 선생님이라면 공부하기 좋은 분위기를 만들기 위해 어떤 노력을 하겠니?

벌칙에 대한 생각

- 학교에서 벌칙은 꼭 필요한 걸까, 아니면 필요하지 않은 걸까? 왜 그렇게 생각하니?
- 벌칙을 받는 것이 당연하다면 어떤 경우에 벌칙을 받아야 할까?

노력의 의미

- 노력이란 뭐라고 생각하니?
- 너는 학교에서 어떤 노력을 하고 있니?
- 학업을 성취하기 위해 꼭 노력을 해야 할까?

노력한다는 건 쉬운 일일까?

카롤린은 내일 수학 중간고사를 봐. 마음속 목소리가 자전거를 타고 산책을 나가고 싶다고 속삭이지. '시험에 나올 것 같은 문제만 골라서 공부하면 30분이면 돼. 어차피 첫 시험이기도 하니까.' 그러나 한편으로는 공부해야 한다는 목소리도 들려와. '중간고사를 잘 봐야 나중에 성적이 더 오르고 처음부터 잘해야 다음 학년에도 진급할 수 있어. 산책은 일요일에 해도 되잖아.'

- 카롤린의 내적 갈등을 어떻게 설명할 수 있을까?
- 카롤린이 네게 조언을 구한다면 뭐라고 말하겠니? 그렇게 말하려는 이유는 뭐니?

노력은 기쁨을 가져다줄까?

- 잘하려고 노력해서 기쁜 결과를 얻은 적이 있니? 전혀 그렇지 않은 적도 있니? 예를 들어보자.

성찰의 실마리 3

학교에서 어떤 관계를 맺을까?

선생님과의 관계는 어떠니?

- 담임 선생님이나 다른 과목 선생님과 어떻게 지내니? 어떤 사람들과 더 잘 지내거나 더 못 지내는 이유는 뭐라고 생각하니?
- 선생님이 1명이었으면 좋겠니, 여러 명이었으면 좋겠니? 왜 그렇게 생각하니?
- 학생으로서 선생님의 어떤 자질을 높이 평가하니? 왜 그렇게 생각하니?
- 네가 선생님이라면 학생의 어떤 자질을 높이 평가하겠니? 그렇게 생각하는 이유는 뭐니?

어떻게 하면 선생님과 원활한 관계를 맺을 수 있을까?

- 선생님과 사이가 좋을 때는 어떤 이유 때문인지 말해주겠니? 네가 어떤 행동을 하면 사이가 좋아지니?
- 선생님과 사이가 안 좋아질 때는 너의 어떤 행동 때문에 상황이 안 좋아지는 것 같니? 소통 방법을 개선하려면 어떻게 해야 할까?

학급 친구와의 관계는 어떠니?

- 학급 친구와 어떻게 지내고 있니? 수업 시간에는 어떻고 쉬는 시간에는 어떠니? 설명해보렴.
- 누구와 친하니? 별로 친하지 않은 아이도 있니?

어떻게 하면 사이가 좋아질 수 있을까?

- 학교에는 가지각색의 학생들이 모여. 서로 이해하고 받아들이는 것이 항상 쉬울까? 예를 들어보자.
- 학생들 사이에 왜 갈등이 생길까? 갈등을 피하거나 해결하려면 어떻게 해야 할까?

더 깊이 생각해보기

"인간은 너무 많은 벽을 세우면서 다리는 충분히 놓지 않는다."

— 아이작 뉴턴(Isaac Newton)

- 학교는 학생들 사이에 벽을 세울까, 다리를 놓을까? 왜 그렇게 생각하니?
- 학생들 사이의 소통을 원활하게 할 수 있는 활동이 있을까? 만약 있다면 어떤 활동이고, 그렇게 생각하는 이유는 뭐니?

학교에 다니는 것은 의무일까?

모두에게 열려 있는 학교

무상 의무 교육

프랑스에서는 16세까지 의무적으로 교육을 받아야 해. 집에서 가족이 교육을 담당하는 홈스쿨링을 하지 않는 이상 모든 아이는 학교에 가야만 하지. 그렇다면 언제부터 '무상 의무 교육'이 시작되었을까? 이에 대해 긍정적으로 생각하니, 아니면 부정적으로 생각하니? 그렇게 생각하는 이유는 뭐니?

우리가 꿈꾸는 학교는?

"뭐든지 의무적으로 해야 하는 건 너무 힘들어. 학교 다니는 건 고역이야."
"그건 별것도 아냐. 난 어떤 사건이 일어난 날짜를 암기하는 게 진짜 싫거든. 그래서 난 암기를 하면 기억력이 좋아진다고 생각하기로 했어!"
"가끔은 뭘 해야 한다는 것 자체만으로 하기 싫어지는 것 같아. 그런데 일단 시작하면 재미있어지는 경우도 있어."
"필수 과목은 그런 게 당연하지. 하지만 각자 취향에 따라 배우고 싶은 과목도 고를 수 있어야 한다고 생각해."

- 위의 대화에 대해 어떻게 생각하니? 개인적인 의견을 제시하고 그 이유도 말해보자.
- 만약 네게 아이가 있다면 의무 교육에 대해 어떻게 소개하겠니?
- 네가 꿈꾸는 학교를 묘사해보자. 그 학교에는 의무적으로 가야 하니,

아니면 가지 않아도 되니? 그 이유도 말해주겠니? 배우는 기쁨을 위해 어떤 공간을 마련하고 싶니?

모두가 학교에 다닐 수 있는 건 아니다

"중동의 여러 국가가 분쟁 때문에 황폐해졌고, 이로 인해 1,300만 명이 넘는 어린이가 학교에 다니지 못하고 있다." — 유니세프(2015)

- 세계의 다른 지역에서는 많은 아이가 학교에 가지 못해. 이러한 상황에 대해 어떻게 생각하니?

"에르볼(Erbol)은 말을 타고 키르기스스탄의 눈 덮인 지역을 건넌다. 마다가스카르의 프랭클린(Francklyn)과 올리비에(Olivier)는 인신매매범을 만날 위험을 무릅쓴다. 말레이시아의 아니(Ani)는 여동생 두 명과 함께 몇 킬로미터나 걷는다. 베트남 북부에 사는 초(Cho)는 해파리가 득실거리는 바다를 건너기 위해 카약을 탄다. 요르단강 서안지구의 유세프(Youssef)는 군인들의 눈을 피해야 한다. 이들의 목표는? 학교에 도착하는 것이다."

— 파스칼 플리송(Pascal Plisson)의 다큐멘터리 영화 〈학교로 가는 길〉 시리즈의 속편, 2015년 프랑스 5에서 방영

- 빈곤 지역의 아이들에게 학교는 무엇을 상징할까?
- 이 아이들은 목표를 달성하기 위해 어떤 자질을 계발할까?

이 다큐멘터리의 초반에는 "우리는 학교가 기회라는 것을 너무 자주 잊곤 한다"라는 대사가 나와. 학교에 갈 수 있는 여건이 되는 사람들은 왜 교육이 기회라는 사실을 자주 잊게 될까?

자녀가 학교에 가는 게 당연하다고 생각하나요? 자녀는 언젠가 부모를 떠나 변화에 적응하고 배움의 어려움에 직면하며 정해진 리듬을 따라야만 합니다. 새로운 과목의 경우 호기심이 생기면 동기부여가 되지만 그렇지 않을 경우 스트레스의 원인이 되기도 합니다. 자녀에게는 친구가 있고 때로는 새로운 친구를 사귀기도 합니다. 어떤 때는 쉬는 시간이나 하굣길에 못살게 구는 학급 친구를 맞닥뜨릴 수도 있겠지요. 또한 선생님을 통해 위계질서를 경험하게 됩니다. 조용히 하지 않으면 벌을 받고 성적이 떨어지면 이미지도 나빠지고 공부에 더 매진해야 하는 것 등이죠.

부모는 자녀의 미래를 위해 학교생활에 많은 기대를 겁니다. 사소한 문제에도 걱정하고 숙제하라 잔소리하며 종종 성적표를 감시해 긴장감을 조성합니다. 자녀가 너무 많은 스트레스를 받으면 자신감을 상실하고 심지어 기운을 잃기도 합니다. 학교생활이 어떠하든지 간에 자녀의 이야기를 들어주고 성찰을 통해 자신의 감정을 극복하도록 격려할 필요가 있습니다.

어떤 사회에서처럼 아이가 학교에 다니지 않으면 어떻게 될까요? 아이는 성장하면서 교육이 세상, 타인, 자신을 더 잘 이해하고 문화의 바탕이 되는 지식을 습득하며 미래의 직업에 필요한 지식과 노하우를 체득하는 데 필요하다는 사실을 이해할 것입니다. 학교는 인간이 수백 년 동안 걸려 알아낸 것을 전달하는 곳입니다. 아이는 학교에 다니면서 종종 이러한 지식이 왜 중요한지 깨닫지 못하기도 합니다. 사실 아이는 공부하는 바로 그 순간에 동기를 부여받아야 합니다. 자녀는 관계를 껄끄럽게 만드는 통제자로서의 부모가 아니라 순수하게 호기심을 함께 해결하는 길동무로서의 부모와 이러한 문제에 대해 이야기를 나눌 수 있어야 합니다. 그래야 부모에게 도움을 얻고 실수를 심각하게 여기지 않게 됩니다. 이러한 태도는 학습에도 유용합니다. 자녀를 다른 사람과 비교하지 않는 편이 바람직합니다. 그보다는 자기 자신을 개선하고 스스로 설정한 도전과제를 완수하기 위해 과거의 자신과 비교하도록 해야 합니다.

부모와 이야기를 나누다 보면 자녀는 훈련의 필요성에 대해 성찰하게 됩니다. 아이는 노력이야말로 자신과 타인을 존중하는 만족감의 원천임을 알게 됩니다. 지구 반대편에서 교육을 받기 위해 목숨을 건 모험을 하는 사람들의 경험에 대해 스스로 찾아보도록 하세요. 자신의 경험과 평소 관점을 비교해볼 수 있는 유용한 기회입니다.

CLASS

5

감정

마음을 흔드는 두려움·분노·부끄러움 다스리기

두려움, 분노, 부끄러움과 같은 감정은
때로는 유용하지만 어떤 때는 고통의 원인이 되기도 합니다.
아이는 이성을 발휘해
이러한 감정의 정체가 무엇인지 확인하고 객관화함으로써
부정적 감정에 휘둘리지 않고 그것을 잘 다스릴 수 있습니다.

성찰의 실마리 1

두려움이라는 감정의 정체는?

두려움이 생기는 원인은 무엇일까?

- 매우 강한 공포를 느낀 적이 있니? 두려운 감정이 몸과 마음에 어떻게 나타났니?
- 너를 두렵게 하는 것들이 있니? 만약 있다면 그게 무엇이고, 그 이유는 뭐니?

두려웠던 경험을 말해보자

너를 겁먹게 했던 이야기를 말해보렴. 그때 느꼈던 두려움과 실제로 경험한 두려움을 비교해보자.

- 상상 속 이야기나 영화가 무서운 이유는 뭘까? 우리는 왜 도망가지 않을까?

- 친구가 무서워할 만한 이야기를 만들어보자. 친구는 왜 무서워할까? 너는 왜 무서워하지 않을까?

두려움에 대한 생각을 말해보자

위고는 오늘 치과에 가야 해. 생각만 해도 무서운 일이지. 하지만 위고는 대문을 나서면서 스스로에게 쓸데없이 걱정하지 말자고 다짐했어.

- 쓸데없는 걱정을 한 적이 있니? 너라면 어떻게 결론을 내리겠니?

"내 인생은 끔찍한 불행의 연속이지만 그중 대부분은 한 번도 일어나지 않았다."

— 마크 트웨인(Mark Twain, 미국 소설가)

- 어떤 사고방식이 '불행'을 만들어낼까? 불행한 일을 피할 수 있는 다른 방법이 있을까?

두려움은 조력자일까, 장애물일까?

두려움은 나쁜 조언자일까?

소녀는 답을 알고 있어도 틀렸을까봐 답을 안다고 말하지 않아. 소년은 아빠가 화낼까봐 시계를 잃어버린 사실을 숨기지. 또 다른 소년은 돈을 요구하는 고학년 형들이 무서워서 할머니의 돈을 훔치게 돼.

- 이들이 느끼는 두려움은 서로 어떻게 다를까?
- 두려움이 이들의 삶에 어떤 영향을 미칠까?
- 위의 세 사람 각자에게 조언을 한다면 무슨 말을 해주겠니?

두려움은 유용한 경계심일까?

어떤 남매가 있었는데 오빠는 빠르게 달리는 차를 무서워해서 항상 횡단보도를 건너는 반면, 여동생은 두려움이 없어서 일단 아무데서나 길을 건너곤 했어.

- 오빠가 빠르게 달리는 차를 무서워하는 건 당연한 일일까, 아닐까?
- 네가 부모라면 누구를 믿겠니? 왜 그렇게 생각하니?

어떤 말이 옳을까?

"우리는 종종 무엇인가를 또는 누군가를 두려워해야 한다."

"아무것도 두려워해서는 안 된다."

- 위의 두 가지 의견을 각각 설명하고, 의견을 제시해보자.

"두려움은 지혜의 시작이다."

— 프랑수아 모리아크(François Mauriac, 프랑스 작가이자 언론인)

"두려움이 있는 곳에는 지혜도 없다."

— 락탄티우스(Lactantius, 로마 그리스도교 호교론자이자 기독교 사상가)

- 위 두 문장은 서로 대립되니? 왜 그렇게 생각하니?

두려움에서 용기로 가는 길은 멀까?

용기에 대해 정의해보자

장은 이웃이 키우는 대형견인 셰퍼드를 무서워하지 않고 기분 좋게 쓰다듬곤 해. 반면 자크는 개에게 물린 적이 있어서 약간 두려움을 느끼지만 개로부터 도망치는 대신 가까이 있기로 마음먹지.

- 누가 용기를 보여주고 있니? 그렇게 생각하는 이유는 뭐니?

"용기는 두려움이 없는 상태가 아니라 두려움을 무찌를 수 있는 능력이다."

— 넬슨 만델라(Nelson Mandela)

- 위 문장에 대해 어떻게 생각하니?

성찰의 실마리 2

분노는 다스릴 수 있을까?

분노는 어떤 감정일까?

분노했던 경험을 말해보자

- 분노했던 적이 있니? 그 이유는 뭐였니?
- 분노의 감정이 몸과 마음에 어떻게 나타났니?
- 분노를 느꼈을 때 가장 먼저 든 생각은 뭐였니?

분노에 대한 생각을 말해보자

- 분노를 색으로 표현하면 어떤 색일까? 왜 그렇게 생각하니?
- 분노를 자연 현상이나 사람으로 표현하면 어떻게 묘사할 수 있을까?
- "분노란…할 때다" 같은 문장을 찾아보자.

분노의 원인과 결과는 무엇일까?

모든 분노에는 원인이 있다

한 여자아이가 탁자에 부딪혔다며 발길질을 한다.

한 축구 선수가 공이 경기장 밖으로 굴러가 화를 낸다.

한 학생은 다른 사람이 아니라 자신이 벌을 받아서 분노한다.

한 아버지는 음식을 남기는 아이에게 소리를 친다.

- 위에 제시된 각 사람은 자신의 분노를 어떻게 설명할 수 있을까?
- 누가 옳고 그르다고 생각하니? 왜 그렇게 생각하니?
- 분노하는 것만이 우리가 보일 수 있는 유일한 반응일까?

분노가 분노를 부를 때

"넌 멍청이야!"

"웃기시네. 네가 뭐나 되는 줄 알아?"

"너나 잘해, 이 바보야!"

"그만해라, 얼굴에 한 방 먹고 싶지 않으면!"

- 위 대화의 말투는 어떤 느낌이 드니? 자칫하면 어떤 결과로 이어질 것 같니?

"말다툼은 말다툼을 낳고 거기에 몰두하는 사람을 집어삼킨다."

— 세네카(Seneca, 고대 로마 철학자)

- 위 문장에 대해 어떻게 생각하니?

분노가 폭발하면 무엇이 남을까?

사라가 후회의 눈물을 흘리고 있어. 너무 화가 난 나머지 가장 친한 친구에게 네가 정말 싫다고 말해버렸기 때문이지. 사실 그 말은 진심이 아닌데 말이야.

- 사라는 어째서 생각과 반대로 말했을까?
- 왜 우리는 종종 '미친 듯이 화를 퍼붓는다'는 표현을 쓸까?

분노 다스리기

어떻게 하면 화가 폭발하지 않도록 할 수 있을까?

- 아래 두 가지 의견을 설명하고 네 의견을 말해보자.

  "입을 다무는 편이 화를 내는 것보다 유리하다." — 이집트 속담

  "대화는 우리가 가진 가장 강력한 무기 중 하나다."

  — 아프리카 속담

다른 사람이 분노를 터뜨리면 어떻게 해야 할까?

- 누군가가 일부러 너를 밀친다고 가정해보자. 네가 화를 내면 그 사람이 어떻게 반응할까? 만약 가만히 있으면 어떻게 될까?

- 고학년 학생이 저학년 학생을 때린다고 상상해보자. 넌 분노하겠지! 이때 분노를 표현해야 할까? 아니면 다른 해결책을 찾아야 할까? 네가 내린 선택을 정당화해보자.

서로 상반된 의견

- 아래의 대립되는 두 명제에 대해 어떻게 생각하니?
  "모든 분노는 폭력을 불러오기 때문에 나쁘다." vs "불의한 상황에서의 분노는 좋다."
  "분노는 자신의 의견을 주장할 수 있는 에너지다." vs "분노는 에너지 낭비일 뿐, 더 이상 자신을 제어할 수 없게 만든다."

성찰의 실마리 3

부끄러움은 왜 느끼는 걸까?

부끄러움이란 무엇일까?

부끄러웠던 경험을 말해보자

- 부끄러워하는 사람을 본 적이 있니?
- 부끄러움을 느껴본 적이 있니? 언제 부끄러움을 느꼈는지 이야기해보렴.
- 부끄러울 때 어떤 기분이 드니?
- 우리는 무엇을 부끄러워할까?

부끄러움에 대한 생각을 말해보자

뤽은 말을 듣지 않는다는 이유로 개를 심하게 때렸어. 그러자 개가 애처로운 눈으로 뤽을 바라보았지. 그때 지나가던 이웃이 그

장면을 목격하고는 깜짝 놀라는 표정으로 뤽을 쳐다보았어.

- 뤽이 부끄러움을 느꼈을까?
- 뤽은 언제 그리고 무엇 때문에 부끄러워졌을까?

“다른 사람의 시선을 지우면 부끄러움도 없어진다.”

- 이 문장에 대해 어떻게 생각하니?

부끄러움은 실수를 피하게 해줄까?

부끄러움에서 어떤 교훈을 얻을 수 있을까?

넬리는 재미로 스카프를 훔쳤는데 그 순간 점원이 그녀를 손가락으로 가리켰어.

스키를 제일 잘 탄다고 자랑하던 콜랭은 다른 사람들이 보는 앞에서 크게 미끄러졌어.

- 모든 사람이 이런 부끄러움에서 교훈을 얻을 수 있을까?
- 만약 그렇다면 어떤 교훈을 얻을까?

부끄러움은 깨달음을 줄까?

아튀르는 엄마와 다투던 중 욕을 해버렸어. 그는 부끄러운 나머지 엄마에게 사과하러 갔어.

- 어떤 후회가 부끄러움을 일으켰을까?

부끄러움이 인생을 망칠 수도 있을까?

다른 사람의 평가에 어떻게 반응해야 할까?

엘사는 '뚱땡이'라는 말을 들은 이후로 더 이상 수영장에 가지 않아. 제이슨은 '돈 많은 사람들이' 입는 것 같은 유명 브랜드 옷이 한 벌도 없어. 그래서 그런 옷을 사주지 않는 부모님을 원망해.

- 엘사가 불행한 이유는 뭘까? 제이슨의 경우는 어떨까? 이 둘의 반응에 대해 어떻게 생각하니?
- 네가 부모라면 아이에게 뭐라고 말하겠니? "놀림을 받지 않도록 네가 할 수 있는 일을 해"라고 하겠니, "다른 사람 의견은 무시하고 네가 좋아하는 일을 해"라고 하겠니?

괴롭힘을 당하면 어떻게 대처해야 할까?

페이스북에서 반 아이들 전부 제니퍼가 경기장 샤워실에서 샤워하는 모습이 찍힌 사진을 봤어. 제니퍼는 놀림거리가 되었고 너무 부끄러운 나머지 차마 부모님에게 그 사건에 대해 말하지 못했어. 제니퍼 홀로 굴욕을 당하는 학교는 제니퍼에게 지옥이나 다름 없었어.

- 제니퍼가 고통받는 이유는 뭐니?
- 제니퍼가 네게 조언을 구한다면 뭐라고 말해주겠니? 왜 그렇게 생각하니?

견디기 힘겨운 감정을 어떻게 관리할까?

루이는 '삶을 망치는' 감정을 끝장내고 싶어해. 그는 감정을 향해 "마음속에 있는 진심을 토해내"라고 명령했어. 그러자 두려움이 "모든 사람이 나를 거부해. 난 외톨이야"라고 말해. 이어서 분노는 "나는 항상 내 말과 행동이 후회돼"라고 한탄하고, 부끄러움은 한숨 쉬며 "난 더 이상 존재하면 안 돼"라고 말해. 그들의 말을 들은 루이는 감정에게도 도움이 필요하다는 것을 깨닫게 돼.

다음날 분노가 치밀어오르자 루이는 분노에게 "내가 너를 지켜줄게!"라고 안심시켜. 안심한 분노는 다시 가라앉지. 이번엔 갑자기 노크소리가 들리자 두려움이 문을 잠그려고 해. 하지만 루이는 용기를 내어 문을 열었고 문 앞에 있는 것은 어린 아이였어!

부끄러움에 몸을 숨기고 싶을 때는 거울을 앞에 놓고 이렇게 말해봐. "너를 휘감은 회색 코트를 벗고 자신감을 되찾아보렴." 그러면 다시 감정이 평온해져.

- 루이는 어떻게 마음의 평온을 되찾았니? 너는 이 이야기에 대해 어떻게 생각하니?

부모를 위한 도움말

우리는 종종 감정에 사로잡혀 휘둘리고 결국 당하곤 합니다. 그 순간에는 이 감정에 대해 성찰하기 어렵습니다! 자녀에게 '현재' 무슨 일이 일어나고 있는지 이해하려면 '냉정한' 이성을 사용해야 합니다. 즉 감정의 정체를 확인하고 이름을 붙이고 정의를 내려야 합니다. 또한 그 감정이 나타난 원인과 따라오게 될 결과에 대해 생각하고 감정을 다스리는 방법에 대해 스스로 질문하고 그 답을 찾아보세요. 감정에 대해 성찰하는 것은 종종 스트레스를 일으키기 때문에 여기서는 여러 감정 중에서도 자녀가 통제하는 법을 배워야 하는 것에 초점을 맞췄습니다.

두려움. 아이들은 일상생활에서 무서운 꿈을 꾸거나 공포 소설이나 영화를 보면 불안을 느낍니다. 또한 미지의 것, 외로움, 밤의 어둠 때문에 두려움을 느낍니다. 두려움은 때때로 위협적인 상황에서 일관되지 않은 부적절한 반응을 일으킵니다. 그러나 우리는 이성을 발휘해 정신을 차리고 자신을 통제하며 침착함을 되찾을 수 있습니다. 또한 자녀에게 당연히 느껴야 할 두려움, 예를 들어 나쁜 의도로 접근하는 사람, 위험한 게임 등으로부터 자신을 보호하는 두려움과 불필요한 두려움을 구별하는 법을 알려줘야 합니다. 용기는 노력과 이성을 이용하여 두려움을 극복하게 합니다.

분노. 아이들은 원하는 것을 받지 못하거나 무엇인가를 빼앗기거나 욕을 듣거나 밀쳐지거나 게임을 하다가 지면 화를 냅니다. 또한 아이들은 억울하게 누명을 쓰거나 어른들이 편애를 할 때와 같은 부당한 상황에서 정당하게 분노합니다. 교육의 목적은 아이가 '좋은' 분노와 '나쁜' 분노를 구별하는 방법을 알려주는 것입니다. 우리는 성찰을 통해 분노가 폭력을 유발하며 폭력을 휘두른 후에는 종종 후회가 따라온다는 사실을 이해하게 됩니다. 자신을 제어하는 능력은 자신과 다른 사람을 존중하기 위해 필요합니다.

부끄러움. 살다 보면 부끄러움을 느낄 만한 일이 생기기도 합니다. 거짓말을 하거나 물건을 훔치다가 잡히는 경우와 같이 부끄러움은 다른 사람의 비난 어린 시선 때문에 생기는 죄책감입니다. 부끄러움은 사회에서 넘지 말아야 할 선이 무엇인지 다시 한번 일깨워줍니다. 신체적 차이, 낮은 성적, 가난 등으로 낙인을 찍는 놀림은 자존감을 잃게 하는 부끄러움을 낳습니다. 그러므로 다른 사람의 판단에 거리를 둘 수 있어야 합니다. 또한 다른 이의 말이나 행동이 명성이나 명예를 손상시키는 경우도 있습니다. 그런 경우에는 부끄러움이라는 감정에 마비되지 않고 부당함에 저항해야 합니다.

자녀가 느끼는 감정이 무엇이든 부모는 기본적으로 마음을 열고 잘 들어줘야 합니다. 경청은 대화의 밑바탕이고 이 대화를 통해 자녀는 이성을 발휘하고 스트레스에 대한 저항력을 계발할 수 있기 때문입니다.

CLASS

6

행복

충만함과 기쁨을 누리는 마음

행복은 누구나 추구하는 삶의 목표입니다.
행복을 성찰하기 위해서는 적절한 '질문'을 통해
자녀에게 소중한 출발점을 제시하는 것이 중요합니다.
질문은 아이가 스스로의 바람을 구체화하고,
자신만의 기준을 세우며,
행복해지는 데 유리한 선택을 하도록
도와줄 것입니다.

성찰의 실마리 1

누구나 행복해질 수 있을까?

행복과 불행은 무엇일까?

행복했던 경험을 떠올려보자

- 네가 행복하다고 느꼈을 때가 언제였는지 말해줄래?
- "나는 행복해"란 무엇을 의미할까?
- 불행하다고 느꼈던 때는 언제였는지 말해줄래?
- "나는 불행해"란 무엇을 뜻할까?

행복을 관찰해보자

- 행복한 사람들을 알고 있니? 불행한 사람들도 아니?
- 어째서 이 사람들은 행복하거나 불행할까?
- 행복한 사람과 불행한 사람은 어떻게 다르니?

행복에 대해 어떻게 생각하니?

행복에 대한 생각을 말해보자

- 너에게 행복이란 무엇이니?
- 행복하려면 무엇이 제일 중요하다고 생각하니?
- 무엇이 행복해지는 걸 방해할까?

행복에 대한 바람을 말해보자

- 주변 사람들이 새해에 너에게 어떤 기대를 해주었으면 좋겠니? 왜 그렇게 생각하니?
- 만약 마술 지팡이가 있다면 어떤 소원을 빌고 싶니?
- 세상을 행복하게 할 수 있다면 무얼 하겠니?

행복에 대한 상상을 말해보자

- 행복을 볼 수 있다면 어떻게 생겼을지 말해보자. 왜 그렇게 생각하니?
- 행복을 들을 수 있다면 어떤 소리일까? 또 맛볼 수 있다면 어떤 맛일까? 행복을 들이마실 수 있다면 어떤 향이 날까?

성찰의 실마리 2

완벽한 행복이 존재할까?

행복의 차이에 대해 알아보기

반대 상황에 놓인 사람들

어떤 사람은 직장 일 때문에 쉬지 않고 출장을 다니고 또 어떤 사람은 휴가를 내고 관광여행을 떠나.

어떤 사람은 가족을 부양할 수 있어 만족하지만, 어떤 사람은 두 번째 차를 살 수 없어 괴로워해.

어떤 이는 안락함을 누리는 대신 자연의 품에서 살기로 한 반면, 어떤 사람은 도심에 있는 매우 편리한 아파트에서 살기로 하지.

- 각 상황에서 어떤 사람을 행복하게 하거나 불행하게 하는 요소를 설명해보자.
- 각 사람이 느끼는 행복이 다른 이유는 무엇일까?

행복에 대해 상반되는 의견들

"돈이 많으면 행복하다" 또는 "돈으로 행복을 살 수 있는 것은 아니다."

"젊고 아름답고 총명하고 부유하고 건강하면 반드시 행복다." 또는 "그런 조건에서도 행복할 것이라고 결코 확신할 수 없다."

- 위의 의견 중 어떤 의견에 동의하거나 동의하지 않니? 그렇게 생각하는 이유는 무엇이니?

행복의 비결에 대해 대화를 나눠보자

꽁꽁 숨겨진 비밀

두 친구가 행복한 사람들의 비밀을 찾아나섰어.

먼저 왕이 사는 왕궁을 찾아갔는데 왕의 사촌이 권력을 잡기 위해 군대를 모았다는 것을 알게 되었지.

이번에는 가장 부유한 사람에게 갔더니 하인들이 눈물을 흘리고 있었어. 주인이 파산해서 집을 팔고 하인들을 해고했던 거야.

그래서 이번에는 아름다움으로 추앙받는 여배우를 보러 갔지. 그러나 여배우는 병에 걸려 아름다움을 잃어버린 지 오래였어.

두 친구는 이렇게 중얼거렸어. "도대체 어디로 가야 하는 거야?"

- 두 친구가 찾고 있는 세 가지 행복은 무엇일까? 이름을 붙여 보자.

- 진정한 행복의 비결을 알려줄 인물을 만들어보자.

마술지팡이로 이루지지 않는 행복

한 방랑자가 모든 소원을 들어주는 마술지팡이를 발견했어. 아프던 방랑자는 건강을 되찾았고 늙은 방랑자는 젊어졌지. 또 가난하던 방랑자는 부자가 되었어. 그러나 행복하다고 하기에는 여전히 무언가가 부족했어. 방랑자는 결국 행복이 무엇인지 물었는데, 그 말에 마술지팡이가 부러져버렸대!

- 마술지팡이가 왜 부러졌을까?
- 마술지팡이는 방랑자에게 무엇을 말하고 싶었던 걸까?

즐거움 · 기쁨 · 행복

다비드는 딸기 아이스크림을 맛있게 먹고 있어. 파니는 방금 학사학위를 받았고 말이야. 노에미는 가족, 친구들과 사이좋게 지내며 좋아하는 일을 하고 있지.

- 즐거움은 순간적일까, 아니면 오랫동안 지속될까? 기쁨은 어떨까? 그렇다면 행복도 마찬가지일까?
- 위의 이야기에서는 누가 그런 경험을 했을까?

성찰의 실마리 3

행복해지기 위해 충족되어야 할 것들

생존에 필요한 최소한의 조건은 무엇일까?

유엔(UN)에 따르면 다음 13가지는 생존에 필수적인 최소한의 조건이야. 아래의 조건이 없으면 행복해질 수 없어.

1. 하루 2,510~4,000칼로리의 식량.
2. 한 가족당 주방용품 1세트.
3. 한 사람당 옷 3벌과 신발 3켤레.
4. 하루 4,100리터의 깨끗한 물.
5. 악천후를 피할 수 있는 1인당 최소 6제곱미터의 대피소.
6. 어린이에게는 최소 6년간의 학교 교육, 성인에게는 완전한 문해력.
7. 가족당 라디오 1대.
8. 주민 100명당 텔레비전 1대.

❾ 가족당 자전거 1대.

❿ 인구 10만 명당 10명의 의사와 50개의 병상.

⓫ 1인당 연간 10달러 상당의 약.

⓬ 모든 사람에게 가족을 부양하기 위한 일자리.

⓭ 병자, 장애인 및 노인을 위한 사회보장 시스템.

- 이 조건에 대해 어떻게 생각하니? 행복해지는 데 필요한 다른 무언가를 추가하겠니?
- 위의 필요 조건이 행복을 보장하기에 충분하다고 생각하니?

기본 욕구를 충족하기 위한 조건은 무엇일까?

심리학자 에이브러햄 매슬로(Abraham Maslow)는 인간의 기본 욕구를 다섯 가지 그룹으로 분류했어.

❶ 생리적 욕구(음식과 건강 관리 등)

❷ 안전의 욕구

❸ 사회적 욕구(소속감 및 사랑)

❹ 존중과 인정을 받으려는 욕구

❺ 자아 실현과 성취 욕구

- 이 목록에서 가장 큰 행복은 무엇이라고 생각하니?
- 행복을 느끼기 위해 무엇이 가장 필요할까?

성찰의 실마리 4

행복이라는 집을 지으려면 어떤 재료가 필요할까?

행복해지는 데 필요한 삶의 지혜들

자신의 삶 성찰하기

"[행복의] 첫 번째 구성 요소는 성찰이다. 성찰은 행복이라는 집을 건설하는 기초 도구이자 초석이다. 성찰은 우리가 다른 어떤 것보다도 자신에게 가장 알맞은 생활방식을 선택할 수 있게 해주는 근원이다."

— 로버트 미스라히(Robert Misrahi, 프랑스 철학자)

- 이 작가의 말에 동의하니?
- 성찰하지 않고도 행복해질 수 있을까?
- 왜 성찰이 행복의 조건이라고 할까?
- 행복해지는 데 선택은 어떤 역할을 할까?
- 행복과 나에게 알맞은 삶은 어떤 관계일까?

자신이 가진 것 바로 알기

"가능하면 아내, 자녀, 재산, 그리고 무엇보다도 건강이 있어야 한다. 그렇다고 행복이 여기에 달려 있다는 듯 집착해서는 안 된다."

— 몽테뉴(Montaigne, 르네상스기의 프랑스 철학자)

- 이 모든 것을 가진다고 행복할 수 있을까? 우리를 행복하게 하는 것이 불행하게도 할 수 있을까? 설명해보자.

"행복하다는 것은 작은 것에 만족할 줄 아는 것이다."

— 에피쿠로스(Epicurus, 그리스의 쾌락주의 철학자)

- 왜 가지지 못한 것에 대한 욕망은 행복을 앗아갈까?

"행복은 가진 것을 계속 원하는 것이다." — 성 어거스틴(Saint Augustin)

- 이 말에 동의하니, 동의하지 않니? 그 이유를 설명해보자.

긍정적으로 해석하기

물이 담긴 병을 보고 어떤 소년은 "물병이 반이나 비어 있네!"라며 한숨을 쉬고, 또 어떤 소년은 "다행이네. 물이 반이나 차 있어!"라며 미소를 짓지.

- 너라면 이 물병을 보고 뭐라고 말하겠니?
- 왜 같은 물병을 보고서 누구는 행복해하고 누구는 불행해할까?
- 둘 중 누가 인생에서 더 쉽게 행복을 찾을까? 그 사람의 행복은 무엇에 달려 있을까?

행복은 만들어가는 것일까?

키타라(고대 그리스 현악기) 이야기

한 남자가 행복과 진리의 길을 찾고 있었어. 어떤 노인이 그에게 세 개의 조각이 있는 마을 광장으로 가보라고 말해줬지. 그러나 남자가 그곳에서 발견한 것이라고는 철사, 나뭇조각, 금속 조각뿐이었어. 실망한 그는 공터로 발걸음을 돌렸는데, 이때 갑자기 그 조각들로 만들어진 키타라에서 신성한 멜로디가 흘러나오는 것을 들었지. 남자는 행복이란 우리에게 주어진 그 모든 것으로 이루어져 있으며 우리의 내적 활동과 조화를 이루는 것임을 깨달았어.

— 수피(Sufism, 이슬람 신비주의 분파) 이야기

- 살아가면서 행복을 만들기 위해 어떤 재료를 모을 수 있는지 말해보자.
- 너는 성장하면서 어떤 사람들을 만날 수 있을 것 같니?

자신과 타인 사이의 연결이 중요할까?

"행복은 나누면 배가 되는 유일한 것이다." — 알베르트 슈바이처

- 이 문장을 어떻게 설명할 수 있을까? 너는 어떻게 생각하니?

"행복해지는 것은 타인에 대한 의무이기도 하다."

— 알랭(Alain, 프랑스의 철학자이자 평론가)

- 네가 슬픔이나 짜증을 드러내면 주변 사람들에게 어떤 영향을 미칠까?
- 네가 행복을 표현하면 주변 사람들에게 어떤 영향이 미칠까?

행복을 꿈꾸지 않는 사람이 있을까요? 그래서 행복에 대한 열망을 성찰하는 일이 더욱 중요합니다. 여기에서 어려운 점은 행복의 정의에 대해 모두가 동의하지는 않으며, 행복에 도달할 수 있을지 아무도 단언할 수 없다는 것입니다. 아이는 행복한 순간도 불행한 순간도 경험합니다. 이러한 이중적인 경험에서부터 논의를 시작할 수 있습니다. 무엇이 우리를 불행하게 하는지 이해하려고 시도해보세요. 사람들은 흔히 불행은 필수적인 것이 결핍되거나 충족되지 못했을 때 찾아온다고 대답합니다.

욕망을 충족하면 행복할까요? 예를 들어 건강이나 아름다움, 지성, 문화, 사랑, 부, 젊음, 권력 등을 충족한다면 말입니다. 행복은 이러한 것들이 충족되는 횟수에 비례할지도 모릅니다. 그러나 우리는 이들 중 하나 이상을 가지고 있으면서도 행복하지 않은 사람들을 발견합니다. 반대로 못생겼거나 가난하거나 교양이 부족한 경우에도 행복하다고 말하는 사람을 보기도 합니다. 사실, 욕망은 본질적으로 충족될 수 없으며(프로이트), 이는 소비사회에서 더더욱 그러합니다.

행복이 소유의 영역에(만) 있지 않다면, 행복은 존재의 방식, 삶의 방식일까요? 아니면 낙관주의자나 비관주의자 같은 성격의 문제일까요? 존재에 대한 관점일까요? 주어진 것이 아니라 스스로 만들어내는 것일까요? 철학자들이 우리에게 제안한 것처럼 우리는 행복을 지혜에서 찾을 수 있을까요? 고대의 현인들은 정념을 절제하여 행복을 이룰 수 있다고 주장했고, 아리스토텔레스는 덕·중용·신중함을 행복과 연관지었습니다. 스토아 학파는 우리에게 속한 것, 즉 통제할 수 있는 것과 우리에게 속하지 않아 통제할 수 없는 것을 구별할 필요가 있다고 말했지요. 에피쿠로스 학파는 단순하고 자연적인 욕망을 만족하면 행복하다고 설파했습니다. 오늘날의 환경운동가들처럼요.

행복은 일시적인 즐거움에 반대되는 지속적인 충만함을 전제로 합니다. 행복은 분노·증오·슬픔과 같은 '슬픈 정념(스피노자)'과는 거리가 멉니다. 존재 자체를 즐기면서 행동하고자 하는 힘을 증대하는 것이지요. 행복은 우리 존재의 깊은 곳과 연관되며 소유와 안락함을 기반으로 한 피상적인 쾌락에 국한되지 않습니다.

당신의 자녀는 현대의 개인주의를 바탕으로 한 순간적인 즐거움과 지속적인 행복을 구별할 수 있습니다. 만약 인간 존재의 목표인 행복에 대해, 그리고 진정한 자기 본성에 대해 인생의 갈림길에서 스스로에게 질문을 던진다면 아이는 이미 행복을 구축하고 있는 것입니다.

CLASS

7

차이

서로의 다름을 이해하는 열린 생각 기르기

차이는 종종 차별과 혼동되기도 합니다.
부모는 자녀와의 성찰을 통해
차이에 대한 올바른 인식을 길러줄 수 있습니다.
자녀는 다름과 차이로 낙인찍어버리는
피상적인 시선과 거리를 두고
차이가 자산이 될 수 있음을 발견하게 됩니다.
이로써 다른 사람과 평화롭게
살 수 있는 능력을 계발합니다.

성찰의 실마리 1

차이를 느낀다는 건 어떤 걸까?

차이란 무엇일까?

너에 대한 다른 사람들의 평가를 말해보자

"친구들이 나더러 우리 반에서 내가 제일 빠르고 최고래요. 그래서 이번 체육대회 때 반 대표로 뽑혔어요."

"사람들이 나를 '뚱땡이' '시커먼스' '멍청이' '먹보'라는 별명으로 불러요."

다른 사람에 대한 너의 평가를 말해보자

"반에서 제일 힘 센 남자애가 있는데, 우리는 걔를 슈퍼맨이라고 불러요."

"새로 온 전학생이 장애인이에요! 그래서 팀에 안 끼워줬어요."

차이에 대한 경험이나 느낀 점을 말해보자

다른 사람이 너의 차이를 강조할 때

- 주변 사람들이 너에 대해 말하는 내용을 들으면 어떤 생각이 드니?
- 남의 의견이 마음에 들거나 들지 않을 때 어떤 기분이나 감정을 느끼니?
- 다른 사람의 평가가 중요할까? 왜 그렇게 생각하니?

네가 다른 사람의 차이를 강조할 때

- 다른 사람의 장점을 강조할 때 그 사람은 너의 말에 기뻐하니, 기뻐하지 않니? 네가 다른 사람을 놀릴 때는 어떤 반응을 보이니? 예를 들어보렴.
- 네가 그 사람 입장이라면 행복할 것 같니, 행복하지 않을 것 같니? 너라면 어떤 반응을 보이겠니?

차이점과 유사성을 관찰해보자

- 주변 사람들의 옷차림을 관찰해보자. 어떤 점이 다르니? 어떤 점이 같니?
- 정원의 꽃들은 어떠니? 길거리에서 보는 사람들의 얼굴은?

사람들은 어떤 점에서 다를까?

- 청년과 노인, 유럽인과 아프리카인, 부자와 빈자, 기독교인과 불교 신자 간에 차이점은 무엇일까?
- 사람들은 저마다 어떤 점에서 서로 다를까? 너는 어떤 점에서 다른 사람들과 다르니?

사람들은 어떤 점에서 닮았을까?

- 청년과 노인, 유럽인과 아프리카인, 부자와 빈자, 기독교인과 불교 신자 간에 유사한 점은 무엇일까?
- 사람들은 저마다 어떤 점에서 서로 닮았을까? 너는 어떤 점에서 다른 사람들과 비슷하니?

"흑인 아이도 백인 아이도 피는 모두 붉은색이다."

— 피에르 오르세나(Pierre Orsenat, 프랑스 시인이자 평론가)

- 위와 같이 생각하는 방식을 통해 어떤 결론을 이끌어낼 수 있니?

성찰의 실마리 2

서로의 다름이 살아가는 데 문제가 될까?

차이가 관계의 장애물일까?

어떤 사람들은 표준을 강요해

어떤 이들은 자신이 동성애자가 아니기 때문에 동성애자는 비난받아 마땅하다고 생각해. 또 어떤 이들은 모두가 자기들처럼 신을 믿어야 한다고 생각해. 혹은 같은 신을 믿어야 한다고 생각하지.

- 차이를 받아들일 수 없었던 경험을 한 적이 있니?
- 이러한 태도가 어떤 극단적인 행동으로 나타날 수 있을까?

어떤 사람들은 비슷한 걸 선호해

어떤 사람들은 장애인처럼 신체적으로 다른 사람을 보면 불편함을 느껴.

- 너도 불편함을 느끼니, 느끼지 않니? 설명해보자.
- 인간을 장애라는 단어 하나로 규정지을 수 있을까? 무엇이 인간의 가치를 결정할까?

어떤 사람들은 불평등을 제도화해

- 어째서 사람들은 차이를 불평등으로 만들까?
- 인종차별주의는 피부색이나 문화의 차이를 어떤 식으로 바라볼까? 이에 대해 어떻게 생각하니?
- 성차별은 여성과 남성의 차이를 어떻게 바라보는 걸까? 이에 대해 어떻게 생각하니?
- 눈에 띄는 차이 때문에 그 사람에게 꼬리표를 붙이는 것이 정당하다고 생각하니?

차이에 대한 두려움은 어디까지 갈 수 있을까?

'분명히'가 불러온 비극

우주에서 길을 잃은 파란 휴머노이드가 초록 휴머노이드의 행성에 도착했어. 초록 휴머노이드들이 유리창 뒤에서 그를 지켜보며 이렇게 말했어. "저 파란 휴머노이드는 뭐지? 우리 행성의 색이 아닌데. 저 가방을 봐, 아마 무기로 가득 차 있을 거야. 저 눈을 봤어? 나쁜 놈인 게 분명하다고. 조심해, 우리 쪽으로 오고 있어. 분명히 우리를 공격하려는 거야!" 선제공격을 하기 위해 그들은 이방인에게 일제히 총을 쐈지. 파란 휴머노이드는 쓰러졌고 바닥에 떨어진 그의 가방에서는 책이 쏟아져 나왔어.

- 초록 휴머노이드 무리는 어째서 파란 휴머노이드가 적의를 가지고 있다고 생각했을까?
- 이성을 발휘했다면 이런 결말 대신 어떤 일이 일어났을까?
- 네가 초록 행성의 대장이었다면 이방인에 대해 어떤 행동을 취했겠니? 그 이유는 뭐니?

성찰의 실마리 3

차이가 자산이 될 수 있을까?

열린 태도를 가지면 얻게 되는 것들

다양한 선택지

- 다른 직업, 다른 생활방식, 다른 목표를 가진 사람들을 만나면 무엇을 알게 되니?

차이를 장점으로 만들기

생물학에 열정을 지닌 한 여대생은 뒷날 생물학연구소장이 되었고, 패럴림픽에 출전한 한 참가자는 장애를 극복했으며, 국제 분쟁에서 활약한 한 중재자는 노벨 평화상을 받았어.

- 이처럼 차이를 장점으로 만드는 사람들의 사례에서 무엇을 배울 수 있을까?

- 일상생활에서 자신의 장점을 살려 두각을 나타내는 사람들의 예를 들어보자.

다른 문화의 발견

- 여행을 하면 무엇을 배울 수 있을까?
- 여행을 하지 않는다면 어떤 방법으로 다른 문화를 발견할 수 있을까?
- 다른 문화를 발견하면 생각을 더 풍부하게 할 수 있을까?

다양한 의견의 유용함

- 같은 주제에 대해 다르게 생각하는 사람들과 토론하면 무엇을 배울 수 있을까? 누가 철학적, 종교적, 정치적으로 다른 입장을 가지고 있니?
- 친구가 내 의견에 동의하지 않아도 여전히 내 친구일까?
- 누군가 제시한 반대 의견은 어떤 점에서 나에게 유용할까?
- 아래의 문장에 대해 어떻게 생각하니?

  "모든 반박은 내 인격에 대한 공격이 아니라, 내 사유에 대한 선물이다." — 미셸 토치(Michel Tozzi)

클론과 광대가 만난 이야기

한 외딴 마을에서 클론(복제인간)들이 동일한 삶을 공유하며 살고 있어. 같은 회색 옷을 입고 같은 습관을 가졌지. 생각이 같기 때문에 서로 거의 말을 하지 않고 절대로 다투지도 않아. 서로가 같기 때문에 사랑에 빠졌을 때 자신만을 사랑하지.

그러던 어느 날, 클론 중 한 명이 알록달록한 옷을 입은 야만인과 마주쳤어. 그가 "안녕, 나는 광대야!"라고 인사했는데 클론은 광대가 입은 형형색색의 옷을 보고 겁에 질렸지. 그를 안심시키기 위해 광대는 하모니카를 꺼내 자신이 연주할 수 있는 가장 아름다운 선율로 연주를 했어.

이제껏 한 번도 음악을 들어본 적이 없었던 클론은 그의 내면에서 처음으로 놀라움이라는 감정이 탄생했어.

- 위 이야기에 대해 어떻게 생각하니? 너라면 이야기의 결말을 어떻게 짓겠니?

성찰의 실마리 4

어떻게 서로의 차이를 이해할 수 있을까?

어떻게 하면 서로를 더 잘 이해할 수 있을까?

정보 조사하기는 어때?

- 다른 사람이 가진 세계관, 습관, 믿음에 대해 안다면 우리는 더 잘 소통할 수 있을까? 왜 그렇게 생각하니?

대화하기는 어때?

- 대화를 거부하는 두 사람이 서로를 이해할 수 있을까, 없을까? 왜 그렇게 생각하니?
- 그들이 대화를 받아들인다면 어떻게 될까?
- 대화는 개인, 집단, 민족 간의 평화를 유지하는 요소일까, 아닐까? 너의 의견을 정당화해보자.

다른 사람의 입장에서 생각해볼까?

- 시각 장애인이 되거나 휠체어를 타게 된다면 공간이 어떻게 보일까?
- 잠에서 깨어났을 때 더 어려지거나 나이가 들어 있다면 어떤 생각이 들 것 같니? 아니면 아주 부자가 되어 있거나 아주 가난한 사람이 되어 있다면?
- 상대방의 경험을 이해하는 행동이 인간관계에서 어떤 영향을 미칠까?

한 걸음 더 나아가기

차이는 조정될 수 있을까?

두 아버지

전쟁 중 한 팔레스타인 남자는 이스라엘군이 자기 아이를 죽이는 장면을 목격했어. 한 이스라엘 남자는 팔레스타인 사람들이 자기 아이를 죽이는 모습을 보았지. 두 아버지가 만났는데, 어떤 일이 일어났을까? 팔레스타인 사람도 이스라엘 사람도 없고, 아이를 애도하는 두 아버지만이 있을 뿐이었어.

- 위 이야기에 대해 어떻게 생각하니? 무엇이 대립을 사라지게 하니?

성공적인 축제

어떤 반의 남자아이들은 자기들에게 맞서 계략을 꾸미는 여자아이들을 비웃었어. 말썽꾸러기 아이들은 모범생들이 계속 '고자질'을 한다면서 괴롭혔지. 어느 날 선생님이 축제를 열자고 제안했어. 하지만 의견 대립이 심해져서 다같이 무대에 올라 재능을 보여주는 건 불가능해 보였어. 전교생 앞에서 성공적으로 무대 공연을 펼치는 건 머나먼 이야기 같았지. 하지만 당일이 되자 짜잔, 모두가 놀랐어! 스케치, 기타, 노래, 시, 줌바 등 저마다의 재능을 펼치며 모든 학생이 공연에 참여했고 서로를 향해 기쁜 박수갈채를 보냈어.

- 축제는 어떻게 성공을 거뒀니? 반 학생들은 어떤 경험을 했을까?

다른 사람을 어떻게 바라볼까?

"사람들이 서로를 갈라놓는 차이점밖에 보지 못한다는 건 불행한 일이다. 더 많은 사랑을 담아 서로를 바라본다면 공통된 어떤 것을 찾아낼 수 있고 그렇게 되면 세상 일의 절반은 해결될 것이다."

— 파울로 코엘료(Paulo Coelho, 브라질의 소설가)

- 코엘료의 말대로 타인을 바라본다면 다른 사람을 더 많이 이해하고 살 수 있을까, 아닐까? 왜 그렇게 생각하니?
- 위의 문장을 받아들일 수 있니, 없니? 예를 들면 언제 받아들이거나 받아들일 수 없을까?

자녀는 특히 눈에 보이는 차이에 민감해 합니다. 때로 자신이 다른 사람과 다르다고 느끼며 고립감으로 괴로워하기도 합니다. 차이는 언제나 특정한 관점에서 바라볼 때 나타납니다. 같은 나이, 같은 성별, 같은 국적이 아니라는 등의 이유에서지요. 그러나 차이란 결국 상대적인 문제입니다. 우리는 어떤 점에서 다르기도 하지만 또 어떤 점에서는 서로 비슷하기 때문입니다. 어쨌거나 우리는 모두 인간이니까요.

다른 사람과의 관계에서 결정적으로 다른 단 한 가지에 초점을 맞출 때 차이는 인간 사이를 갈라놓습니다. 나아가 자신을 두렵게 하고 잠재적으로 위협이 되는 새로운 사람이나 모르는 사람에 대해 적대심을 갖게 합니다. 이런 태도에서 불신, 심지어 거부 반응이 일어납니다. 그리고 어떤 사람들은 백인의 흑인 착취나 지배(식민지화, 아파르트헤이트), 남성의 여성 지배(남성 우월주의), 아리안(나치즘)의 유대 지배를 '정당화'하기 위해 자신의 우월성을 공고히 하고 다른 사람들과의 차이를 불평등으로 왜곡시키기도 합니다.

자녀가 차이에 대해 생각해보도록 도와주세요. 그렇게 하면 아이는 우리가 인간이라는 공통점으로 인해 하나라는 사실을 절대 잊지 않을 것입니다. 유네스코에 따르면 문화의 차이는 인류 문화유산의 통일성을 실현하는 요소입니다. 인류 문화의 '모자이크'인 셈이지요. 서로를 인정하는 것은 불신을 줄이고 사람들이 더 잘 살기 위한 필수 조건인 상호 이해를 돕습니다. 토론을 통해 같은 질문에 대해서도 서로 다른 관점이 있다는 것을 접할 수 있으며, 다르게 바라보고 생각한다는 것도 받아들일 수 있게 됩니다. 자신의 생각을 버리거나 자신의 정체성과 특이성을 부정하는 것이 아니라, 다른 사람의 의견과 어깨를 맞대고 스스로에게 질문을 던지며 자신을 절제하고 심화하는 것입니다.

따라서 차이가 지니는 양가성을 자녀와 함께 생각해보아야 합니다. 그 차이가 사람들 사이에 왜 그리고 어떻게 문제를 일으키는지, 아니면 풍요로운 유산을 만드는지 물어보세요. 그리고 가족 간의 대화와 화해를 위해 가정에서 차이에 대한 인식을 어떻게 바꿀 수 있는지도 이야기를 나눠보세요.

CLASS

8

폭력

비난과 공격 대신 사과와 용서 배우기

자녀가 폭력의 목격자나 피해자
또는 행위자가 되었을 때
감정적 반응에서 벗어나 성찰할 수 있도록 해주세요.
성찰의 시간을 갖는 것은
자녀가 사건과 어느 정도 거리를 두고
상황을 객관적으로 이해하는 데 도움이 됩니다.

성찰의 실마리 1

네가 생각하는 폭력이란 무엇이니?

무엇이 폭력적인 행동일까?

- 폭력이 사물, 인물, 풍경이라면 뭘로 표현할 수 있을까? 그 이유는 뭐니?
- 폭력이 말이나 몸짓에 담겨 있다면 어떻게 표현될까?

때리는 것이 모두 폭력일까?

두 친구가 싸우기 시작하다가 결국에는 서로 숨을 헉헉대며 손을 놓지만 얼굴에는 즐거운 표정이 가득해.
두 명의 유도 선수가 규칙에 따라 싸우다가 경기가 끝나면 서로 정중하게 인사를 해.
한 남자가 질투심에 불타 경기에서 이긴 사람을 때렸어.

- 위 사람들 중 누가 폭력을 휘두른 걸까? 두 친구일까? 유도 선수일까? 질투심에 찬 남자일까? 왜 그렇게 생각하니?
- 우리는 어떤 상황일 때 폭력을 사용했다고 말할 수 있을까?

폭력은 언제나 물리적인 걸까?

- 우리는 '쏘아보다' '가슴에 못 박는 말을 하다' 같은 표현을 접할 때가 있어. 이것은 어떤 형태의 폭력일까?
- 물리적 형태가 아닌 폭력의 예를 들어보자.

폭력은 인간만을 상대로 하는 걸까?

- 인간이 동물 또는 자연을 상대로 저지르는 폭력의 예를 들어보자. 폭력으로 어떤 결과가 초래되었니?
- 이런 폭력에 대해 어떻게 생각하니?

성찰의 실마리 2

폭력을 당했을 때 어떻게 반응해야 할까?

일상생활에서 폭력을 경험한다면

- 네가 욕설이나 몸싸움 등 공격받았다고 느끼는 경우의 예를 들어보자. 어떻게 반응했니?
- '냉정함을 유지하다'라는 표현에 대해 어떻게 생각하니?

폭력적인 친구를 대할 때

샘은 카림을 때리고 카림의 새 장난감 자동차를 땅에 던졌어.
카림의 아버지가 카림에게 물었어. "샘이 왜 그렇게 폭력적이었다고 생각하니?"
카림이 대답했어. "샘은 못됐어요. 걔가 싫어요."
"왜 그렇게 못되게 굴었을까?"

"샘의 부모님은 걔한테 한 번도 뭘 준 적이 없대요. 다 여동생한테 준대요. 하지만 제 물건을 부술 것까지는 없잖아요!"
"샘이 이 상황을 이해하도록 도와줄 방법이 있을까?"

- 카림은 어떻게 샘을 달래줄 수 있을까?

폭력이 휘몰아칠 때

"테러가 터졌어요. 2번 채널을 틀어봐요!" 이웃집 아주머니가 소리치자 두 아이의 부모는 황급히 텔레비전을 켰어. 네 살과 다섯 살짜리 남매가 까치발을 들고 살금살금 내려왔어. 부모는 아이들이 내려오자 텔레비전을 끄고 무릎 위에 앉혔어.
"무서워요." 둘째인 딸이 말했어.
"그래, 엄마 아빠도 이렇게 끔찍한 일이 생기면 당황스럽단다. 하지만 너희는 안전할 거야. 우린 너희를 사랑하고, 그게 무엇보다 강한 거야."
"왜 이런 일을 벌이는 거예요?" 첫째인 아들이 겁에 질려 물었어.
"아메리카 원주민 이야기를 알고 있지? 우리 마음속에는 사랑의 늑대와 증오의 늑대가 서로 대립하고 있다고. 어떤 사람은 증오의 늑대에게 더 많은 먹이를 주기로 해서 그런 거란다." 아버지가 대답했어.

- 이 부모님은 아이들을 안심시키기 위해 바람직하게 행동했을까?
- 사랑은 어떤 일이 일어나도 힘이 되어준다고 생각하니?

- 아버지의 대답에 대해 어떻게 생각하니? 너였다면 이 아들과 같은 질문을 했을까? 다르게 질문했다면 어떤 질문을 했을까?
- 네가 대화할 수 있는 나이의 아이를 둔 부모라면 텔레비전을 끄겠니, 끄지 않겠니? 뉴스에 나오는 영상에 대해 아이들과 이야기를 나눴을까?
- 폭력이 초래하는 결과와 이러한 증오에 찬 분위기에 어떻게 저항해야 할지에 대해서도 얘기하겠니? 너라면 아이들과 어떤 말을 하겠니?
- 생명을 보호하는 것과 파괴하는 것 중 무엇이 인간을 성장하게 할까? 설명해보자.

성찰의 실마리 3

자신의 폭력은 정당화될 수 있을까?

- 네가 폭력적인 모습을 보였던 때를 얘기해보자. 지금 와서 생각하면 잘못했던 일일까, 옳았던 일일까? 다시 그런 모습을 보이지 않을 것 같니? 그렇다고 생각한다면 어떻게 그런 모습을 보이지 않을 수 있을까?
- 누군가에게 폭력적인 행동이 후회될 때 어떻게 하면 좋을까?

사무라이 이야기

한 일본 무사가 스승에게 천국이 존재하는지 물었어. 스승은 "보아라. 누가 너 같은 녀석을 곁에 두고 싶겠느냐? 마치 거렁뱅이처럼 생기지 않았느냐"라고 대답했어. 분개한 무사가 칼을 꺼내 들자 스승이 "지옥 문이 열리는구나"라고 말했지. 무사가 칼을 다시 집어넣자 스승이 또 이렇게 말했대. "천국 문이 열리는구나."

일본 전래동화

'지옥'과 '천국'을 다른 단어로 대체해보자.

- 어떤 문이 더 빨리 열릴까? 더 노력해야 열 수 있는 문은 어떤 문일까? 그 문을 열려면 어떤 노력이 필요할까?

너를 지키려면 어떻게 해야 할까?

- 폭력에 맞서 너를 보호해야 했던 적이 있니?
- 폭력을 피할 수 있었니, 없었니? 그 원인은 뭐니?
- 다음 문장에 대해 어떻게 생각하니?

  "자신을 보호하기 위해 폭력을 행사해야 할 때도 있다."

  "그 어떤 폭력도 안타깝고 유감스러운 일이다."

성찰의 실마리 4

폭력의 원인에 따라 결과가 달라질까?

폭력의 원인에 대해 생각해보자

- 무엇이 폭력을 불러올까?

불의 때문에 폭력이 발생할까?

- 불의는 그 자체로 폭력일까, 아닐까?
- 불의는 어떤 결과를 불러올까?

소통의 부재가 폭력을 일으킬까?

- 어떤 사람들은 왜 문제를 말로 표현할 수 없으면 폭력적으로 행동할까?

- 이해받는다는 느낌은 어떻게 화와 분노를 가라앉힐까?

무지가 폭력을 불러올까?

"무지는 두려움을 불러오고 두려움은 증오를 부르며 증오는 폭력을 부른다."

— 마이클 무어(Michael Moore, 미국 영화감독)

- 무지가 일으키는 연쇄 작용을 설명해보자.

편협함이 폭력을 낳을까?

"관계에서의 폭력은 타인의 감정, 욕망, 행동이 나와 같지 않거나 내가 기대하는 것이 아니라는 사실을 받아들이지 않기 때문에 생겨난다."

— 자크 살로메(Jacques Salomé, 프랑스의 인간관계 심리학자)

- 차이를 거부하면 어떤 결과가 초래될까?
- 편협하게 행동하지 않으려면 어떻게 해야 할까?

폭력은 어떤 결과를 낳을까?

마르탱의 후회

마르탱은 자신의 아기가 쉴 새 없이 울어대자 참지 못하고 아기를 우물 속에 던져버렸어. 그러나 너무나 후회스러워서 몇 년 동안 숲속을 헤맸지. 어느 날 숲속 빈터에서 한 아이를 발견했는데, 그 아이가 이렇게 말했어. "아빠, 아빠가 저지른 폭력이 우리 사이를 갈라놨어요. 그런데 눈에 보이지 않는 요정이 날 구해줬어요."

- 이 이야기의 결말을 완성해보자.

인간성을 잃은 강도

어느 강도가 농부들을 마구 때리고 죽이며 거액을 요구했어. 그는 농부들에게 "이 짐승들!"이라고 외쳤지.

어느 날 강도는 숲에서 총을 손질하다가 크게 다쳐서 다급하게 소리쳤어. "아무나 날 좀 도와줘! 피가 멈추지 않아!"

"여긴 사람이 없소이다!" 농부가 말했지.

강도가 "그럼 당신들은 대체 뭐요?"라고 묻자, 농부가 대답했어.

"우리는 짐승이지 뭐요."

당신들은 "인간이잖소. 동정을 베풀어주시오!" 강도가 애원했어.

이 말에 농부들은 다시 인간으로 돌아온 강도를 치료해주었어.

- 강도가 저지른 최악의 폭력은 무엇일까?
- '인간답게 행동한다'는 건 무슨 뜻일까?

최악의 폭력, 전쟁에 대해 생각해보자

- 전쟁은 군인과 민간인에게 어떤 물리적, 심리적 영향을 미칠까?
- 어떤 나라에서는 전쟁에 내보내기 위해 어린 소년들을 군인

으로 훈련시켜. 이에 대해 어떻게 생각하니?

- 전쟁은 정당화될 수 있을까, 없을까? 왜 그렇게 생각하니?
- 다음 문장을 설명하고 너의 의견을 말해보자.

"승리하든 패배하든 모든 전쟁은 인간의 패배와 다름없다."

— 로베르 사바티에(Robert Sabatier, 프랑스의 시인이자 소설가)

"인류가 전쟁을 끝장내지 않으면 전쟁이 인류를 끝장낼 것이다."

— 존 F. 케네디(John F. Kennedy)

성찰의 실마리 5

어떻게 폭력을 막을 수 있을까?

폭력은 올바른 선택일까?

주디스는 뺨을 때린 발레리를 거짓말쟁이라고 몰아붙였어. 노라는 자신을 배신자로 취급하는 넬리에게 "우리 얘기 좀 해"라고 말했어.

- 뺨을 때리는 건 적대관계를 끝낼 수 있는 좋은 방법일까, 아닐까? 왜 그렇게 생각하니?
- 폭력이 아닌 대화를 하면 어떨까?

"폭력은 폭력을 낳는 습성이 있다."

—아이스킬로스(Aeschylos, 고대 그리스의 극작가)

- 폭력은 어떻게 악순환을 낳을까?

"폭력을 쓰는 자는 결국 폭력을 당하게 된다."

— 에우리피데스(Euripides, 고대 그리스의 비극시인)

- 폭력적인 사람은 자신의 행동이 불러온 결과에 행복해질까, 아니면 불행해질까? 그렇게 생각하는 이유는 뭐니?

비폭력은 또 다른 선택일까?

유명한 비폭력 사례를 알아보자

- 부모님과 함께 비폭력을 실천한 인류의 영웅에 관해 알아보자. 간디, 마틴 루터 킹, 넬슨 만델라 등. 이들은 어떻게 폭력에 저항했을까?
- 이들의 사례에 대해 어떻게 생각하니?

비폭력은 강함일까, 약함일까?

- 진정한 비폭력주의자는 어떤 사람일까? 싸움이 두려워 도망치는 사람일까, 피를 흘리지 않기 위해 분노를 억제하는 사람일까? 그렇게 생각하는 이유는 뭐니?
- 폭력을 쓰지 않고 저항할 수 있는 힘을 얻으려면 어떤 자질을 계발해야 할까?

한 걸음 더 나아가기

폭력으로 인한 고통은 어떻게 줄일 수 있을까?

- 다른 사람의 입장이 되어 폭력을 피하는 방법은 무엇일까?
- 성찰과 대화가 폭력을 억제할 수 있는 이유는 무엇일까?

"증오가 증오에 답한다면 어떻게 되겠는가? 용서만이 이를 끝낼 수 있다."

— 일본 신도(神道) 격언

- 용서란 무엇일까? 폭력이 심화되는 것을 어떻게 막을 수 있을까?
- 원수지간인 두 사람이 서로를 용서할 때 어떤 일이 벌어질까?

폭력은 영화, 텔레비전, 만화, 비디오 게임 또는 거리에서 흔히 볼 수 있는 광경입니다. 그러나 폭력을 잘못된 표현 방식이라고 올바르게 이해한 아이는 감정을 드러낼 때 폭력이 아닌 건설적인 방식으로 표현할 수 있습니다.

폭력이란 무엇일까요? 폭력의 다른 형태는 무엇일까요? 육체적이든 정신적이든, 상대방을 인정하지 않고 그들의 존엄성을 공격하는 것입니다. 자녀가 폭력의 피해자일 경우 자녀의 신체적, 정신적 감정을 함께 분석하세요. 자녀가 폭력의 가해자라면 자신이 다른 사람에게 어떤 행위를 하고 있는지 공감함으로써 자신의 잘못을 더 잘 이해하게 될 것입니다. 그런 다음 그 영향을 검토하세요. 개인 차원에서는 타격으로 입은 육체적 고통과 경멸로 인한 도덕적 상처가, 집단 차원에서는 전쟁으로 인한 불행 등이 있습니다. 폭력의 원인은 복잡하지만 개인 차원에서는 질투, 소유욕, 침략에 대한 반응, 가장 강해지고자 하는 욕구를 들 수 있습니다. 국가 차원에서는 부의 정복, 지배욕, 영토 해방, 독재자에 대한 반란 등이 있겠지요. 폭력의 힘은 우리를 유혹하기도 하고 위협하기도 합니다. 자녀는 자신이나 약자를 방어하기 위해, 때로는 타인을 지배하기 위해 더 강해지고 싶을 것입니다.

폭력은 폭력을 낳습니다. 우리는 정당방위나 정의를 위한 투쟁으로 폭력을 정당화하려 합니다. 가끔 필요하다는 이유로 폭력이 정당화될 수 있을까요? 테러리스트는 그의 대의가 정당하다고 주장할 것입니다! 따라서 자녀에게 폭력이 아닌 다른 해결책은 없을지 묻고 생각해보도록 합니다. 행동으로 옮기기 전에 성찰을 통해 행동을 연기할 수 있습니다. 때리는 것을 멈추고 관계를 재설정하기 위한 대화와 서로의 타협점을 찾는 협상을 시도할 수도 있습니다. 제3자에게 도움을 요청하는 조정, 자신의 잘못을 인정하는 사과, 원한과 분노에 갇혀 있지 않은 용서, 그리고 상처를 주는 비아냥이 아니라 관계를 끊지 않고 사실만을 말하는 유머 등의 해결책도 있습니다.

비폭력은 도망이나 비겁함이 아니라 영혼의 힘입니다. 그리고 비폭력에 대해 말하는 것은 개인이나 집단에 대한 화, 원한, 증오를 부추기는 대신 건설적인 가치를 상기시키는 것입니다. 아이는 고통을 최소화하고 사회 평화에 필요한 태도를 지지하는 행동을 배울 수 있습니다.

CLASS

9

자유

자율성과 책임이 함께할 때 더욱 빛나는 가치

인간에게 자유는 무엇보다 소중한 가치입니다.
그러나 아이가 어릴수록 자유가 제한되어 있기 때문에
이번 주제를 가볍게 짚고 넘어간다 해도
부모에게는 살짝 부담이 될 수 있습니다.
자녀와 함께하는 성찰을 통해
자율성과 책임의 개념을 발견해보세요.

성찰의 실마리 1

뭐든 마음대로 하는 것이 자유일까?

너는 자유롭다고 느끼니?

네가 경험하는 자유를 말해보자

- 자유롭거나 자유롭지 않다고 느끼는 상황에 대해 묘사해보자. 왜 그렇게 느꼈니?
- 언제 자유롭다고 느꼈니? 혼자일 때, 아니면 다른 사람과 함께 있을 때? 왜 그렇게 생각하니?

네가 상상하는 자유를 말해보자

- 자유가 이동수단이라면 무엇에 비유할 수 있을까? 왜 그렇게 생각하니?
- '자유'라고 불리는 공간을 그린다면 어떻게 생겼을 것 같니?

자유롭다는 건 원하는 대로 다 하는 걸까?

복종은 삶에 방해가 될까?

쥘과 제니는 시골에서 휴가를 보냈어. "놀고 싶은 데서 놀거라. 하지만 벌통에는 절대 가까이 가지 말고." 어른들이 주의를 주었어. 제니는 어른들의 말을 따랐지. 벌에 쏘이고 싶지 않으니까! 그러나 쥘은 경고를 듣지 않아서 날카로운 독침을 가진 벌 몇 마리를 화나게 했어. 제니는 조랑말을 타고 신나게 놀 수 있었지만, 쥘은 결국 자기 방에 갇혀 있도록 벌을 받았지.

- 어른의 말에 따르는 것이 제니의 자유를 확대했니, 아니면 축소했니? 쥘의 자유는 어떻게 되었니? 그 이유를 말해보자.

규칙을 지키는 것이 삶에 방해가 될까?

"부모님이 주말에 집 비우신대! 친구들이랑 파티를 해야지. 술은 마음대로! 자유롭다는 건 '스스로를 놓는' 거니까!" 윌리엄이 신나서 외쳤어.

"그다음엔 어쩔 건데? 부모님이 엉망진창이 된 집안을 발견하시고 이웃들이 시끄럽다고 불평하면, 파티는 두 번 다시 꿈도 못 꿀걸? 나 같으면 조용히 친구들을 초대하겠다. 몇 가지 규칙만 지키면 부모님도 우리를 내버려두실 거야." 아르튀르가 어깨를 으쓱하며 말했어.

- 자유롭다는 건 네가 하고 싶은 대로 하는 걸까, 아니면 자신

을 통제할 줄 아는 것일까?

"더 큰 자유는 더 큰 책임을 불러온다." — 빅토르 위고

- 윌리엄과 아르튀르 중 누가 더 책임감 있게 행동하고 있니? 왜 그렇게 생각하니?

모든 구속을 받아들일 수 있을까?

늑대와 개

숲에 사는 배고픈 늑대가 살이 오동통하게 오른 개를 만났어. 개가 자신이 얼마나 잘 먹고 사는지 설명하자 늑대는 자신도 주인을 섬기고 싶은 유혹을 받았지. 그런데 이때, 늑대는 개의 목에 목줄 자국이 남아 있는 것을 발견했어. 개는 원하는 곳으로 자유롭게 갈 수 없었던 거야! 늑대는 결국 숲으로 돌아갔어.

— 라 퐁텐(La Fontaine) 우화

- 개의 삶과 늑대의 삶을 비교해보자. 너는 어떤 삶이 더 낫다고 생각하니?

성찰의 실마리 2

선택과 자유는 한몸일까?

- 술과 마약에 사로잡혀 있거나 정신 이상 상태일 때 자유롭게 결정을 내릴 수 있을까, 없을까? 왜 그렇게 생각하니?
- 전혀 알지 못하는 두 가지 직업 중에서 하나를 선택할 수 있을까? 그 이유는 뭘까?

선택의 자유란 무엇일까?

어떤 당나귀 이야기

목도 마르고 배도 고픈 당나귀가 있었어. 사람들이 당나귀에게 귀리 양동이와 물 한 양동이를 동시에 가져왔지. 그러나 당나귀는 무엇부터 먹어야 할지 몰랐고, 결국 굶주림과 갈증으로 죽고 말았대.

- 당나귀는 자유를 활용했니? 어떤 선택을 할 수 있었을까?

'예'와 '아니오' 사이에서

- 자유롭다는 건 언제나 '예'라고 말하는 걸까, 아니면 '아니오'라고 말하는 걸까? '예'도 아니고 '아니오'도 아닐까?
- '예'라고 말하면 자유를 표현할 수 있을까? '아니오'라고 말하는 건 어떨까?
- 다음 문장에 대해 어떻게 생각하니?
  "자유롭다는 것은 '예'와 '아니오' 중 하나를 선택하는 것이다."

— 보리스 시륄닉

선택은 항상 쉬울까?

불가피한 상황에서 어떤 선택을 내려야 할까?

하인츠의 아내는 매우 아픈 상태야. 안타깝게도 새로 개발된 신약을 먹어야만 아내의 생명을 살릴 수 있었는데, 그 약은 하인츠가 사기에는 너무 비쌌어. 그는 약국에 가서 외상으로 약을 구입하고 싶다고 말하지만 약사는 거절했어.
하인츠는 어떻게 해야 할까? 아내를 죽게 내버려둘 것인가, 약을 훔칠 것인가?

— 로렌스 콜버그(Lawrence Kohlberg, 미국의 심리학자)의 '하인츠의 딜레마'

- 하인츠에게 제시된 두 가지 해결책에 만족하니? 왜 그렇게 생각하니?
- 너라면 어떻게 하겠니? 자신의 선택을 정당화해보자.

무력 앞에서라면?

- 누군가가 무력을 사용해서 너에게 강제로 다른 사람을 섬기라고 한다면? 또는 다른 사람을 학대하라고 한다면? 또는 자신의 생각과 반대되는 행동을 하라고 한다면? 너는 자유롭게 선택할 수 있을까?
- 위의 각 상황에 대한 너의 생각을 말해보자.
- 무력을 사용하면 인간의 자유는 완전히 박탈될까?

상반되는 의견

"선택이란 건 없다. 우리는 상황의 노예일 뿐이다."
"우리는 항상 무엇을 할지 말지, 받아들일지 아닐지 자유롭게 선택할 수 있다."

- 누구 말이 옳다고 생각하니? 그렇게 생각하는 이유는 뭐니?

성찰의 실마리 3

어떻게 하면 자유롭다고 느낄까?

스스로 자유로워지는 것을 막는다면 어떻게 될까?

자기 생각에 갇힌 남자아이

사흘 전 로맹은 자신의 컴퍼스를 실수로 고장 낸 친구에게 화를 냈어. 그 이후로 로맹은 더 이상 그 친구에게 말을 걸지 않았어. 그에게 큰누나가 말했어.

"그 친구는 너한테 사과하고 싶은데 네가 거절하는 거잖아. 네 생각에만 갇혀 있네!"

- 분노는 어떻게 로맹을 가두고 있니? 어떻게 하면 로맹이 여기에서 풀려날 수 있을까?
- 자기 입장을 제대로 돌아보지도 않고 괜한 심통을 부린 적이 있니? 이런 감정에서 어떻게 빠져나왔니?

자신을 감옥에 가두는 어리석음

"다른 사람의 자유를 박탈하는 사람은 증오와 편견과 편협함의 죄수다."

— 넬슨 만델라

- 증오, 편견, 편협함은 어떻게 정신적인 감옥이 될 수 있을까?

"복수는 자유와 양립할 수 없다."

— 질베르 쇼케트(Gilbert Choquette, 캐나다 출신의 소설가이자 시인)

- 복수하려는 욕망에 사로잡히면 자유로울까? 설명해보자.
- 자유로운 생각을 방해하는 태도에는 또 무엇이 있을까?

내면의 자유를 찾을 수 있을까?

"두 명의 죄수가 있다. 한 명은 감옥의 창살을 보고, 다른 한 명은 별을 본다."

— 폴 베를렌(Paul Verlaine, 프랑스의 상징파 시인)

- 두 죄수는 어떤 점에서 다를까? 죄수는 어떤 현실에서 더 행복할까?

"선함은 자유인을, 악함은 노예를 만든다."

— 장 뒤투르(Jean Dutourd, 프랑스의 소설가)

- 선한 행동에 대한 결과는 무엇일까? 악한 행동의 결과는?

아이들은 종종 가정과 학교에서 의무와 금지라는 그물에 사로잡혀 있다고 느낍니다. 아이들은 바깥에 나가서 뛰어놀 수 있을 때 자유를 느낍니다. 그래서 구속과 자유 사이에 대립을 느낍니다. 자연스럽게 자유를 어른들로부터의 독립이라고 생각하고 종종 자유와 절박한 욕망의 충족을 혼동합니다. 그래서 실제로 도움이 될지, 정말 필요한지, 또 행동의 결과는 어떨지 뒷일을 생각하지 않고 변덕을 부리곤 합니다.

아이들은 스스로 세운 것이 아닌 외부에서 주어지는 규칙을 점차 내면화해야 합니다(자율화). 자유가 자신의 생각대로 무엇이든 할 수 있는 게 아님을 깨닫기 위해 적절한 교육을 받을 필요가 있습니다. 자유는 언제나 타인의 자유를 고려하는 것이고('나의 자유는 타인의 자유가 시작되는 곳에서 끝난다'), 시행 중인 규칙과 법을 감안하는 것입니다. 진정한 자유는 스스로 법칙을 부여하고 자신의 삶을 이끌어나갈 수 있는 능력입니다. 이것은 어른이 되고 있다는 증거입니다. 자제력을 키우고 자신에게 정말 좋은 것과 모두에게 공정한 것에 대한 판단력을 벼리는 것입니다.

따라서 자녀를 성장시키기 위해서는 다음 사항에 대해 성찰하도록 하는 것이 중요합니다.

- **자유와 욕망의 구별** 욕망은 본능적이지만 자유는 이성을 발휘합니다.

- **자유와 선택의 관계** 선택이란 어떤 사실을 완전히 알고 올바른 결정을 내리기 위해 행동을 취하기 전 성찰하고 숙고하는 것입니다. 이는 어떤 대안을 포기하고 단념하는 법을 배우는 것이기도 합니다.
- **행동에 대한 인식과 선택의 관계** 아이들은 종종 결과를 예측하지 못한 채 순간을 삽니다. 그러나 모든 행위에는 결과가 따르며 이는 다른 사람과 자신에게 해가 될 수도 있다는 것을 인식해야 합니다.
- **선택의 결과에 대한 성찰과 책임의 관계** 자유는 다른 사람 앞에서 자신의 행동을 대변할 수 있을 때 의미가 있습니다.
- **자유와 의무의 변증법** 개인과 집단의 기본 권리로서의 자유와, 가족·학교·사회, 특히 도덕 및 정치 분야에서 책임져야 하는 의무 사이의 변증법을 의미합니다.

자유는 인간에게 소중한 가치입니다. 따라서 자녀에게 그 적용 조건을 제대로 이해시킬 필요가 있습니다.

CLASS
10

권리와 의무

해야 할 것과 하지 말아야 할 것

아이는 성찰을 통해
가족 · 학교 · 사회에서 규칙의 역할을,
나아가 사회에서 법의 역할을 더 잘 이해하게 됩니다.
또한 불공평해 보이는 것을 분별하고
자신의 권리를 주장하는 방법을 알게 됩니다.

성찰의 실마리 1

권리와 의무는 어떻게 다를까?

권리의 역할은 무엇이고, 의무의 역할은 무엇일까?

- 권리를 누리는 게 더 쉬울까, 의무를 다하는 게 더 쉬울까? 왜 그렇게 생각하니?
- 의무를 다하기 위해 필요한 자질은 무엇일까?
- 권리를 누릴 때 얼마나 만족하니? 의무를 다할 때는?

권리와 의무 구별 놀이

다음 단어들을 두 줄로 분류해보자.

금지 · 허용 · 강요 · 법 · 허가 · 자유 · 의무 · 제한 · 독립 · 자율 · 규칙.

- 존중은 권리일까, 의무일까? 존중받아야 할 권리와 다른 사람을 존중해야 할 의무 중에 무엇을 선택하겠니?

성찰의 실마리 2

의무 없는 권리를 누릴 수 있을까?

의무를 지켜야 할 상황들

집안일에 참여해야 할 의무

네 식구가 사는 어느 집의 작은딸은 집안일에 참여하기 싫어했어. 어느 날 식사 시간에 작은딸이 "뭐야, 식탁에 접시가 없어요!"라고 외치자 엄마는 "나는 네가 좋아하는 요리를 했잖니"라고 말하고 아빠는 "난 빵을 사왔지"라고 말했어. 큰딸은 "난 샐러드를 만들었는데"라고 말했지. 빠져나갈 구멍이 없다는 걸 알게 된 작은딸은 상을 차려야만 했어.

- 작은딸의 행동에 대한 너의 생각은 어떠니?
- 어떤 집단에서 의무는 다하지 않고 권리만을 누리고자 하는 사람이 있다면 어떻게 될까?

‘룸메이트’와 약속을 지켜야 할 의무

음악가 에릭과 문학가 패트릭은 룸메이트야. 두 친구는 서로 약속을 정했는데, 패트릭이 도서관에 가면 에릭이 색소폰을 연주하기로 했지. 그런데 에릭이 오디션을 앞두고 매일 연습을 하게 되자 패트릭은 글쓰기에 집중할 수 없어 화가 났어. 게다가 에릭이 어머니를 집에 초대한 주에 패트릭은 아무 생각 없이 자기 사촌을 초대해버려 결국 둘은 싸우고 말았어.

- 나중에 둘은 서로 이해하게 됐을까? 왜 말싸움이 난 걸까?
- 어떤 조건에서 서로 충돌하지 않고 함께 살 수 있을까?

권리와 의무의 관계 살펴보기

상반되는 생각들

“나의 권리란 내가 하고 싶은 걸 모두 할 수 있는 가능성이다.”

“나의 권리는 다른 사람들의 권리가 시작되는 곳에서 끝난다.”

- 둘 중 어떤 생각이 정당하다고 생각하니? 그 이유는 뭐니?

더 깊이 생각해보기

“의무는 때로 버겁지만 사회에서 살아가기 위해 필수적이다.”

- 의무는 왜 버거울까?
- 의무는 왜 필요할까?

성찰의 실마리 3

모든 사람의 권리를 보호하는 것이 가능할까?

법은 사람들이 지켜야 할 규칙을 정해놓은 거야. 입법부가 법률을 제정하면 국가의 모든 시민은 법을 준수해야 하지.

왜 법을 지켜야 할까?

안전을 보장하기 때문에?

작은아들이 학교에서 교통 법규를 배운 이후로 집안에 한바탕 소동이 벌어졌어!

스쿠터를 스포츠바이크로 착각한 큰아들이 “또 벌금을 무는 바람에 용돈이 다 떨어졌어!”라고 외치자, 작은아들은 “목숨을 잃느니 벌금을 내는 편이 낫지!”라고 말했어. 그 말에 삼촌이 “빨간불은

벌점 4점이야!"라고 소리쳤지. 큰아들이 물었어. "삼촌, 빨간불에 달리는 게 왜 위험해요?"

또 사촌이 위반 딱지를 보이며 "소방서 앞에 딱 5분만 주차한 거였는데, 딱지를 떼었어. 좀 봐주시지!"라고 투덜거렸어. 그러자 삼촌이 "너, 왜 소방서 앞 주차가 금지인 줄 알아?"라고 물었지.

- 교통 법규를 위반하면 어떤 처벌을 받을까?
- 모든 사람이 자기 멋대로 통행하고 주차한다면 어떤 일이 벌어질까?

각자의 권리를 보호하기 때문에?

강자, 약자, 권력자, 부자, 빈자들이 섞여 사는 사회에서 인간에게 어떤 의무도 없다고 상상해보자.

- 누가 모든 권리를 가져가겠니? 어떤 방법으로?
- 모든 사람의 권리를 보호하는 것이 가능할까, 불가능할까? 가능하다면 어떤 방식으로?
- 너라면 법에 어떤 역할을 부여하겠니?
- 다음 문장의 사상에 대해 더 깊이 들어가보자.

  "자유는 법이 허용하는 모든 것을 할 수 있는 권리다."

  — 몽테스키외(Montesquieu, 프랑스 계몽시대 정치사상가)

왜 부당한 법을 경계해야 할까?

- 어떤 법이 인권을 무시하도록 강제한다면 우리는 이 법을 준

수할 의무가 있을까, 없을까? 그렇게 생각하는 이유는 뭐니?

- 다음 문장에 대한 너의 입장을 설명해보자.

  "나는 정의로운 법에 복종하자고 주장한 최초의 사람이다. 정의로운 법에 대한 순종은 법적인 의무일 뿐만 아니라 도덕적 의무이기도 하다. 반대로 모든 사람은 부당한 법에 불복종할 의무도 있다." — 마틴 루터 킹

인간의 권리에 대한 성찰

인권

세계인권선언(1948년) 제1조: "모든 인간은 태어날 때부터 자유로우며 존엄과 권리에 있어 평등하다."

- 위 선언에 대해 어떻게 생각하니? 오늘날에도 여전히 인권이 지켜지고 있다고 생각하니?

여성의 권리

여성에 대한 모든 형태의 차별 철폐에 관한 협약(여성차별철폐협약, 1979년): "한 국가의 완전한 발전, 세계의 복지 및 평화의 대의를 위해 여성은 남성과 동등한 입장에서 모든 영역에 최대한 참여할 것이 요구된다."

- 위 협약에 대해 어떻게 생각하니? 여성의 권리는 아직도 인정받지 못하는 것 같니?

아동의 권리

아동권리선언(1959년): "아동은 신체적, 지적, 사회적, 도덕적, 영적 측면에서 발달하기 위한 기회를 가지며 자유와 존엄성을 가진 인권의 주체로서 인정된다."

- 위 선언에 대해 어떻게 생각하니? 오늘날에는 아동의 권리가 지켜지고 있니?

의식의 변화

시드니가 이렇게 말했어. "세상에는 존중받지 못하는 권리가 많이 있어요. 그럼에도 불구하고 오늘날 사람들의 의식이 많이 나아졌어요. 더 이상 불의를 원하지 않는 사람들이 있는가 하면, 아이를 더 잘 교육시키고 자연을 보존하고 동물의 생명을 돌보려는 사람들이 있어요."

- 시드니의 말에 대한 너의 의견은 어떠니?

아이들은 항상 더 많이 허락해달라고 요구합니다. 권리가 늘어나는 것을 자유가 늘어나는 것으로 인식합니다. 권리는 무엇인가를 할 수 있게 하는 것입니다. 의무는 하거나 하지 않도록 하는 것입니다. 그래서 대부분의 아이들은 숙제를 요구하지 않지요. 성찰은 아이들이 의무의 필요성을 이해하는 데 도움을 줍니다.

아이들은 이제 자신의 권리를 알아야 합니다. 국제협약에 의해 보장되는 자신의 권리, 더 넓게는 모든 인간의 권리를 알아야 합니다. 예를 들어, 자녀와 대화를 하면 자녀가 자신의 생각을 표현할 권리를 효과적으로 행사할 수 있습니다.

아이들은 종종 자신의 권리와 소망을 혼동합니다. 권리는 욕망처럼 심리적인 것이 아니라 합법적이고 윤리적인 것입니다. 부모나 교사 또는 법률과 같은 합법적 권위의 승인을 받아 수행할 수 있는 가능성입니다. 그러나 도덕적 양심에는 성장하고, 혼자 해내고, 돕고 싶은 긍정적인 욕망도 있지만 뭐든지 할 수 있다는 유아적 욕망도 있습니다. 따라서 자녀는 가정과 학교에서 그리고 법적 의무와 금지의 테두리 안에서 의무를 가집니다. 예를 들어, 자신을 표현할 권리는 남에게 욕하거나 명예를 훼손하지 않는 것을 포함합니다.

법은 금지하고 의무를 부여하며 피해를 방지합니다. 법은 모든 사람에게 의무를 부과함으로써 동시에 권리도 보호합니다. 절도에 대한 금지는 재산에 대한 권리를 보호합니다. 강간에 대한 금지는 개인의 신체적, 도덕적 완전성에 대한 권리를 보호합니다. 그러나 여전히 부당한 법들이 있으며 그래서 우리는 법을 개정하려고 노력해야 합니다. 부당한 법은 개인이나 인간 집단의 권리를 침해하고 타인을 괴롭히는 등 양심의 문제를 제기하는 의무를 부여하거나 가장 강력하고 가장 부유한 특정인에게만 이익이 되는 권리를 승인합니다. 인권을 위한 투쟁은 전 세계에서 여전히 중요한 이슈가 되고 있습니다. 이 투쟁은 정의의 기반 중 하나로, 아이는 이에 대해 성찰할 수 있습니다.

아이들은 자신의 권리와 의무에 대해 성찰함으로써 가정과 사회에서 **공정한 규칙의 의미를 발견하고,** 또래를 존중하고 존중받으면서 살아가는 능력을 키울 수 있습니다.

CLASS

11

정의

부당함과 불공정에 맞서는 힘

아이는 정의가 무엇인지 알기도 훨씬 전에
부당하다는 느낌을 경험합니다.
이 수업은 아이가 부당함에 대한
정서적 접근에서 출발하여
정의에 대한 이성적 접근으로 발전하는 데
도움이 될 것입니다.

성찰의 실마리 1

정당하다는 것은 무슨 뜻일까?

언제 부당하다고 느낄까?

익숙한 상황들

- 다음의 상황은 공정하니, 부당하니? 왜 그렇게 생각하니?
  아이가 사탕을 달라고 하는데 엄마가 그러면 이가 아프다면서 거절한다면?
  동생은 생일에 선물을 받고 나는 아무것도 없다면?
  하지 않은 일에 대해 벌을 받을 때는?

정당함과 부당함 구별하기

- 정당한 처벌이란 뭘까? 또 부당한 처벌은 뭘까?
- 공정한 담임 선생님은 어떤 선생님일까? 불공정한 선생님은?

성찰의 실마리 2

공평함과 정당함 모두 '정의로움'의 친구

진리에 맞는 올바른 길이나 방법을 뜻하는 '정의'는 어느 쪽으로도 치우치지 않는 '공평함'과 윤리적 · 도덕적으로 올바르고 마땅하다는 '정당함'을 친구로 두고 있어.

어떤 기준을 선택해야 공평할까?

케이크 나누기

여섯 형제가 케이크를 나눠 먹기 위해 서로 의견을 내고 있어.

"모두 똑같은 크기로 잘라야 해!"

"제일 큰 조각은 맏이가 먹어야지!"

"제일 큰 건 막내 거지, 한창 클 나이잖아!"

"아니야. 큰 조각은 제일 뚱뚱한 사람 거야. 남보다 식욕이 더 많으니까!"
"아니야, 평소에 케이크를 잘 먹지 않는 사람에게 줘야 해!"
"안 돼. 학교에서 1등한 사람한테 줘야지!"

- 너는 누구 의견에 동의하거나 동의하지 않니? 그 이유는?

어떤 관점으로 판단할까?

평등함인가, 형평성인가?

두 남자가 같은 금액의 돈을 훔쳤어. 법원은 '평등함'과 '형평성'을 불러냈지. 평등함이 "모든 절도는 동일한 법으로 동일하게 처벌되어야 합니다"라고 말했어.
한편 형평성은 한 남자가 자기 아이에게 먹일 음식을 사기 위해 돈을 훔친 반면, 다른 한 명은 노름에서 이기려고 돈을 훔친 것을 보았지. 그래서 형평성은 이렇게 말했어. "아버지에게는 관용을 베풀고, 노름꾼은 처벌해야 합니다." 법정에서는 평등함이 옳다고 판결했어. 법은 모든 사람에게 동일하게 적용되어야 한다는 것이 이유였지.
그러나 어떤 경우에는 일반적인 규칙을 적용하는 것이 정당하지 않을 수 있고, 그런 의미에서 형평성도 옳지 않을까?

- 네가 판사라면 어떤 판결을 내리겠니?

누구의 공로가 제일 클까?

한 판사가 법원 건축에 동원된 노동자 중 가장 열심히 일한 사람에게 상을 주려고 해. 상을 받지 못할 게으름뱅이가 누구인지 알아내기는 쉬웠어. 상을 줄 후보자가 두 명으로 정해지자 판사는 그들에 대해 알기 위해 '공로'에게 도움을 청했지. 두 명의 '공로'가 나타나 각각 차례로 간청했어.

"건물의 박공에 화려한 조각을 남긴 사람에게 상을 줘야 해요!"

"아니에요. 가장 공로가 큰 사람은 다른 사람들이 공사장에서 떠났을 때조차 쉬지 않고 벽돌을 쌓아올린 사람이에요."

둘의 의견을 들은 판사는 수상자를 결정하기 위해 자리를 떴어.

- 너라면 어떤 결정을 내리겠니?

상반된 의견

- 다음 중 어느 의견에 찬성하거나 반대하니? 그렇게 생각하는 이유는 뭐니?

  "공평하다는 것은 모든 사람에게 똑같은 것을 주는 것이므로, 질투가 끼어들 자리가 없다."

  "공평하다는 것은 남들보다 적게 가진 자에게 조금 더 주어 균형을 회복하는 것이다."

성찰의 실마리 3

정당함을 판단하는 기준은 뭘까?

정당한지 생각해보기

늑대와 새끼 양

늑대가 강가에서 어린 새끼 양을 만났어. 늑대가 말했어. "감히 내가 마시는 물을 흐려놓은 것이냐? 무모한 행동을 했으니 너는 벌을 받아야 한다."

어린 양이 말했어. "늑대님, 부디 화내지 마세요. 늑대님이 계신 곳에서 스무 걸음 떨어진 저 아래쪽에서 물을 마시도록 허락해주세요."

—『라 퐁텐 우화』

- 결국 늑대는 어린 양을 잡아먹고 말아. 이건 정당하니, 정당하지 않니?
- "가장 강한 자의 논리가 가장 좋은 것이다"라는 이 이야기의

교훈에 대해 어떻게 생각하니?

솔로몬의 재판

솔로몬왕 앞에서 두 명의 여인이 한 아이를 두고 각자 자신의 아이라고 주장했어. 그러자 솔로몬왕은 이렇게 판결을 내렸어. “아이를 반으로 잘라 두 여자에게 나눠주어라.” 그 말에 한 여자가 울부짖으며 말했지. “차라리 저 여자에게 아이를 주세요!”
솔로몬왕은 울부짖으며 말한 여자에게 아이를 안겨주었어. 왜냐하면 어머니라면 다른 여자가 자기 자식을 데려간다 해도 아이의 목숨을 구하는 것이 최우선이기 때문이지.

- 솔로몬은 두 어머니 중 진짜 어머니를 판단하기 위해 어떤 감정을 고려했니?
- 솔로몬의 판단이 정당하다고 생각하니? 왜 그렇게 생각하니?

내 손으로 직접 복수를 한다면?

‘눈에는 눈, 이에는 이’가 좋은 계획일까?

필은 팀이 자신의 정원에서 사과를 훔치는 장면을 목격했어. 팀은 필에게 복수하려고 밤에 토마토를 뿌리째 뽑아버렸지. 화가 난 필이 팀의 스쿠터 타이어에 구멍을 내자, 이번에는 팀이 화가 나서 필의 자동차 앞 유리를 깨뜨렸어.

- 두 남자는 어떤 악순환에 빠지게 될까? 왜 그렇게 생각하니?
- 필과 팀은 분노를 다른 식으로 조절할 수 있었을까?
- 다음 문장에 대해 어떻게 생각하니?

  "모욕은 법을 어기지만, 모욕에 대한 복수는 정의의 권리를 침해하며 빼앗는다." — 프랜시스 베이컨(Francis Bacon, 영국의 경험주의 철학자)
- 복수는 왜 법을 어기는 걸까? 복수를 하면 어떤 결과를 불러올까?

직접 복수할까, 법정으로 갈까?

립은 랩에게 빌린 거액의 돈을 돌려주지 않았어. 랩이 외쳤지. "내 돈을 돌려줄 때까지 녀석을 두들겨팰 거야! 지금 당장 그 녀석 집에 가서 직접 손봐주고 말겠어!"

그의 아내가 말했어. "안 돼요! 법정에서 재판을 받아야 해요."

- 모든 사람의 의견을 듣고 나서 판사가 숙고한 뒤 판결하는 법원은 어떤 역할을 하니?
- 정의를 실현하려면 어떤 자질이 필요할까?
- 다음의 자질에 대해 성찰해보자. 다른 자질도 떠오르니?

  "현명한 재판관은 경청하고 천천히 판단한다." — 프랑스 속담

  "분별은 재판관의 주요 임무이면서 판단에 필요한 자질이다."

  — 자크베니뉴 보쉬에(Jacques-Bénigne Bossuet, 프랑스의 신학자)

  "선한 재판관은 범죄자를 증오하지 않고 범죄만을 처벌한다."

  — 세네카

한 걸음 더 나아가기

정의를 바라보는 보다 넓은 시각

2008년 세계보건기구(WHO) 보고서에 따르면 대륙 간 그리고 특정 국가 내에서 기대 수명의 격차가 크다고 한다. 미국 소년의 경우 인도 소년보다 17년을 더 산다. 글래스고(Glasgow)에서는 부유한 동네의 아이가 빈곤 지역의 아이보다 28년이나 더 오래 산다.

- 위의 예시에 대해 어떻게 생각하니?
- 국가 원수에게 편지를 쓴다면 정의를 위해 이 땅에서 무엇이 바뀌어야 한다고 요청하겠니?

정의가 무엇인지 이해하려면 평등의 가치에 기반을 둔 진정한 정의와 변덕으로 쉽게 변할 수 있는 개인의 이익이나 욕망을 구별해야 합니다. 또한 다른 사람들과 마찬가지로 정의의 규칙이나 정당한 법에 근거한 제재가 있음을 인정하도록 가르쳐야 합니다. 그런 다음에는 정의라는 개념의 복잡함을 이해하도록 하는 문제가 남습니다. 케이크를 나누는 예는 경쟁이나 모순의 문제에 휩싸이는 정의에 대한 다양한 개념을 구별하도록 합니다.

1. 아이들에게 케이크를 가능한 한 공평하게 나누는 방법을 물으면 종종 '똑같은 양과 크기로 나누기'라는 답이 나옵니다. 평등은 시기심과 사회적 불평등을 피하기 위한 정의의 가장 일반적인 기준입니다.
2. 그러나 조금 더 생각해보면 케이크를 자주 먹는 사람보다 한 번도 먹지 못한 사람에게 더 많이 주는 것이 더 공정하다는 데 동의하게 됩니다. 그러면 사실상의 불평등을 재조정하는 형평성의 기준을 선택하게 됩니다.
3. 그러고 나서 보상의 기준을 도입하면 성과에 따라 보상할 것인지, 수행한 작업을 기반으로 보상할 것인지에 대한 논란이 뜨거워집니다.

『정의론』을 쓴 존 롤스(J. Rawls)는 가장 불리한 조건에 사는 사람을 먼저 고려한다면 일부 불평등을 인정할 수 있다고 생각했습니다.

정의의 개념을 구별하는 것은 아이들이 쉽게 부당함에 대해 감정적으로 반응하는 나이에 유용합니다. 위법 행위가 발생한 경우 법이 아닌 힘의 관계에서 직접 '정의'를 실현하는 복수와 법원과 판사 등 제3자를 통해 판결을 받는 정의를 비교함으로써 성찰할 수 있습니다.

이처럼 다양한 정의의 개념은 활발한 토론을 이끌어내 자녀가 여러 가지 다른 뉘앙스와 복잡함에 대한 감각을 발달시키는 데 도움을 줍니다. 또한 사회 조직을 이해하는 데 한발짝 더 나아가게 하는 동시에 미래 시민으로서 사회적 감수성을 계발할 수 있게 해줍니다.

CLASS

12

진실

거짓이 없는 올바른 마음 상태

자녀는 부모와의 토론을 통해
진실이라는 개념의 복잡성을 깨닫고
비관적 사고와 상대적 관점으로 세상을 바라보기 시작합니다.
무엇보다 자율성을 기르는 데 반드시 필요한
분별력을 계발할 수 있습니다.

성찰의 실마리 1

언제나 진실을 말해야 할까?

거짓말·오류·진실의 차이는?

- 진실을 말하는 것이 무엇이라고 생각하니?
- 거짓말이란 무엇일까? 거짓말을 한 적이 있니? 만약 했다면 그때의 상황을 얘기해보자.

진실을 말하지 않는다고 무조건 거짓말일까?

한 행인이 시계를 잘못 보고 11시를 12시라고 말했어.

한 중학생은 친구 집에 놀러 가면서 엄마에게는 도서관에 간다고 말했어.

- 누가 오류를 저질렀니? 누가 거짓말을 하고 있니?
- 둘의 차이점은 무엇이니?

"내가 틀리면 실수이고, 내가 누군가를 속인다면 죄다."

"오류는 진실을 모르는 것이고, 거짓말은 진실을 알고도 다르게 말하는 것이다."

- 위의 의견에 동의하니, 동의하지 않니? 왜 그렇게 생각하니?

진실을 말하는 것은 중요할까?

양치기 소년의 거짓말

양치기 소년은 산 위에서 마을을 향해 "늑대야!"라고 외치는 걸 즐겼어. 그 외침을 들은 마을 사람들이 헐레벌떡 산으로 달려오지만 매번 아무 일도 아니었지! 양치기 소년은 진짜 늑대가 나타나기 전까지 이런 거짓말을 여러 번 저질렀어. 정말로 늑대가 나타나서 양치기 소년이 "늑대야!"라고 소리쳤지만, 아무도 그를 믿지 않았고 그는 결국 늑대에게 잡아먹히고 말았어. — 이솝 우화

- 이 이야기에 대해 어떻게 생각하니?
- 모든 사람이 모두에게 거짓말하는 세상이 있다고 생각해봐. 사람들 사이의 관계는 어떻게 될까? 너라면 어떻게 결말을 짓겠니?

상반되는 의견

"언제나 진실을 말해야 한다."

"모든 진실을 말할 필요는 없다."

- 진실을 말하지 않는 편이 좋다고 생각되는 상황을 예로 들어 보자. 왜 그렇게 생각하니?
- 그렇게 하는 이유는 너를 위해서니, 상대를 위해서니?

성찰의 실마리 2

진실과 거짓을 분별하는 능력은 중요할까?

- 자율적으로 생각하기 위해서는 비판적 사고를 발휘해야 할까, 아닐까?
- 어떤 종류의 생각에 대해서도 절대 분별력을 발휘하지 않는 사람에게는 무슨 일이 일어날까? 우리는 생각하는 자유를 지켜야 할까, 말아야 할까?

다른 사람들이 말하는 건 언제나 진실일까?

미디어에 나오는 광고와 뉴스

- 광고는 진실인가 거짓인가? 우리를 공기 좋은 시골로 데려다주는 탈취제, 위대한 스포츠 선수로 만들어주는 농구화 등

등 광고는 너에게 거짓말을 하는 걸까, 아닐까? 왜 그렇게 생각하니?

- 정보는 항상 객관적일까? 서로 의견이 다른 기자들은 같은 방식으로 뉴스를 쓸까? 부모님과 함께 신문 1면을 비교해보자. 너는 어떻게 생각하니?
- 뉴스는 항상 진실 여부가 확인될까? 텔레비전이나 언론에서 충실한 자료를 바탕으로 보도되는 정보와 뉴스는 지식을 증진시키지. 하지만 어떤 뉴스는 확인되지 않은 가짜 뉴스야. 성찰하지 않고 모든 정보를 다 받아들여야 할까?

정보통신기술과 인터넷

새로운 정보통신기술은 지구 반대편의 나라를 연결해서 사람들 사이에 국경의 장벽을 없애주지만, 이러한 장점을 활용하려면 주의가 필요해.

누구나 인터넷에 어떤 정보라도 올릴 수 있다는 점에 대해

- 이것이 정보에 어떤 영향을 미칠까?
- 비판적 사고가 필요할까? 왜 그렇게 생각하니?
- 현실에서 말하는 정보와 인터넷에서 말하는 정보를 어떻게 분별할 수 있을까?

누구나 무엇이든 약속할 수 있다는 점에 대해

소냐는 대니와 함께 인터넷에서 몇 시간이나 함께 보내곤 해. 이에 대해 부모님이 "넌 미성년자잖니. 모르는 사람이 만나자고 해도 그러면 안 돼"라고 말했어. 하지만 소냐는 이렇게 반응했지. "대니는 모르는 사람이 아닌걸요! 대니의 눈은 초록색이고 머리는 밤갈색이에요. 나에게 시를 써주고 영상 속에서 미소도 지어요. 게다가 첫 만남에서 '사랑에 빠지는' 법을 알려주겠다고 약속했어요."

- 소냐의 태도에 대해 어떻게 생각하니? 소냐는 어떻게 비판적 사고를 발휘할 수 있을까?

어른들은 모르는 것

예를 들어 '시금치를 먹으면 근육이 커진다'처럼 어른들이 모르는 것이 있다. 사실 만화 〈뽀빠이(Popeye)〉는 작가가 시금치 철분 함량이 잘못 기재된 것을 보고 그려졌다는 걸 어른들은 알까?
어른들은 항상 똑같은 말을 하지. "요즘 젊은이들은 게을러빠졌다니까."

- 위의 말을 뒷받침할 만한 증거가 있을까?

어떤 어른들은 다른 사람의 선의를 이용하려고 의도적으로 거짓말을 하기도 해.

- 우리는 누구를 믿어야 할까?

우리가 진실이라 믿는 것이 여전히 진실일까?

- 무엇인가를 믿는 것과 아는 것 사이에는 어떤 차이가 있니?

예를 들어보자.

- 아래의 문장에 대해 어떻게 생각하니?

“무엇인가를 안다는 것은 사실이라고 확신할 때다.”

“무엇인가를 믿는다는 것은 사실이라 추측하지만 실제 정보가 없어서 증명할 수 없을 때다.”

고정관념은 증명된 것일까?

“황소는 붉은색을 보면 흥분한다”고 알려져 있지만, 사실은 흑백만을 구별할 수 있대. 황소를 흥분시키는 건 투우사의 망토야!

- 고정 관념의 정의는 무엇일까? 고정 관념은 진실을 말할까, 그렇지 않을까? 왜 그렇게 생각하니?

편견은 근거가 있을까?

어떤 사람들은 “세상에는 우월한 인종과 열등한 인종이 따로 있다”고 말해.

- 편견이란 무엇일까? 편견은 왜 위험할까? 너는 편견에 대해 어떻게 반응하겠니?

일반화는 검증된 사실일까?

흔히 “벨기에 사람은 감자튀김만 먹는다”고들 해.

- “벨기에 사람은 감자튀김을 좋아해”와 “벨기에 사람은 감자튀김만 먹는다”는 같은 말일까?

성찰의 실마리 3

합리적 의심은 진실을 아는 데 도움이 될까?

신념을 선택하는 데 의심이 유용할까?

"사람들은 신은 존재하지 않는다고 항상 말해왔어."

"아니야. 신은 존재한다고 말하던걸!"

"네 마음속 깊은 곳에서는 뭘 믿는 것 같아?"

"그건 한 번도 생각해보지 않았는데."

"나도 안 해봤어!"

- 의심은 위 대화를 나누는 각자에게 어떤 영향을 줄까?
- 남들이 부여하는 확신과 개인의 확신은 어떤 차이가 있을까?
- 다음 문장에 대해 어떻게 생각하니?

  "진리가 무엇인지 알기 위해 살면서 한 번은 모든 것을 의심해보아야 한다." — 데카르트(Descartes)

광신주의를 피하기 위해서는 어떻게 해야 할까?

"광신주의는 이성을 마비시켜 사람의 눈과 귀를 멀게 한다. 또한 맹목적이어서 자신에게 질문을 던지지 않으며 의심을 모른다. 알고 있는 것이 아니라 알고 있다고 생각하는 것뿐이다."

— 엘리 비젤(Élie Wiesel, 홀로코스트 생존자이자 노벨 평화상 수상자)

- 광신주의가 무엇이라고 생각하니? 어째서 광신주의는 눈과 귀를 멀게 할까?
- 어떤 사람들이 자신만의 진리에 빠진다면 사회에서 어떤 일이 일어날까?
- 광신주의에 빠지지 않고 종교나 사상의 확신을 가지면서 살 수 있을까, 없을까? 그렇게 생각한다면 어떻게 가능할까?

생각해볼 문장

"모든 것을 의심하는 것과 모든 것을 믿는 것은 둘 다 편리한 해결책이지만, 둘 다 우리의 성찰을 가로막는다."

— 앙리 푸앵카레(Henri Poincaré, 프랑스의 수학자·물리학자·천문학자)

성찰의 실마리 4

개인의 진실은 모두의 진실일까?

관점의 차이는 무엇에 달려 있을까?

장소에 달려 있을까?

어떤 곳에서는 테이블에서 트림하는 것이 부적절하지만, 다른 곳에서는 그 반대야. 어떤 곳에서는 서로 인사할 때 악수를 하지만, 다른 곳에서는 서로 만지지 않고 몸을 숙이지.

- 다음 문장에 동의하니?

  "피레네 산맥 이쪽에서의 진리가 산맥의 저쪽에서는 오류다."

  — 파스칼(Pascal)

시대에 달려 있을까?

고대에서 뉴턴의 시대에 이르기까지, 지구의 모양에 대한 생각은 편평한 원반, 구(球), 양 끝이 약간 찌그러진 타원 모양으로 변해 왔어. 오늘날은 위성의 관측으로 확인할 수 있지만 말이야!

- 아래의 말에 찬성하니?

  "한때의 진리가 다른 때에는 오류다." — 몽테스키외

인식에 달려 있을까?

네 명의 맹인이 코끼리 앞에 모였어.
첫 번째 사람이 다리를 만지며 말했어. "코끼리는 기둥 같아."
두 번째 사람이 코를 어루만지며 말했어. "아니, 절구공이처럼 생겼어."
세 번째 사람이 배를 더듬으며 말했어. "항아리 같은데."
네 번째 사람이 귀를 움직여보고는 말했어. "곡식을 까부르는 커다란 키 같아."
서로 자기 말이 옳다고 싸우자, 지나가던 사람이 보다못해 이렇게 말했어.
"코끼리는 기둥이 아니라 다리가 기둥이고요. 키가 아니라 귀가 키처럼 생겼을 뿐입니다. 항아리가 아니라 배가 항아리 모양이고요. 절구공이가 아니라 코가 절구공이 같아요. 이 각각을 다 합쳐 놓은 게 바로 코끼리입니다."

— 라마크리슈나(Ramakrishna)의 동화

- 맹인들은 왜 다투었을까? 누구 말이 틀렸고 누구 말이 옳았니?

- 이 이야기를 통해 진실에 대한 정의를 내릴 수 있을까?

모든 사람이 받아들일 수 있는 진리가 있을까?

달은 태양의 주위를 돈다.

대양은 바닷물이 펼쳐진 공간이다.

모든 인간은 태어나고 죽는다.

인간은 이성을 가진 존재다.

- 위의 명제는 모두에게 진실일까, 그렇지 않을까? 너라면 그 이유를 어떻게 설명하겠니?

우리의 이성은 항상 실재를 알 수 있을까?

우리는 언제나 환상과 실재를 구별할 수 있을까?

- 데카르트의 막대 실험을 해보자. 막대를 물속에 넣으면 막대가 구부러져 보일 거야. 실제로 막대는 구부러졌니 아니면 곧은 모양이니?

동굴 안에 사슬에 묶인 사람들이 있는데, 이들은 벽을 바라보고 있어서 벽에 비친 그림자밖에 볼 수 없다. 그중 한 명이 동굴 밖으로 나가게 된다. 눈부신 빛에 익숙해지는 데 시간이 좀 걸렸지만 곧 실제 세계에 놀라고 감탄한다. 그는 진실을 말해주려고 동굴 안으로 되돌아간다. 하지만 동굴 안 사람들은 그를 미쳤다고 생각한다. — 플라톤(Platon)의 「동굴의 비유」

- 누가 환상을 보니? 누가 실재를 보니?
- 동굴 밖으로 나갔던 사람은 어째서 미친 사람 취급을 당했을까?

실재는 언제나 눈에 보일까?

- 폭풍우 치는 날에 태양을 볼 수 없는 건 태양이 없기 때문일까?
- 눈에 보이는 것처럼 태양은 지구 주위를 공전할까?

실재는 언제나 이성으로 이해할 수 있을까?

- 다음 문장을 설명할 수 있겠니?
  "이성의 마지막 단계는 이성을 뛰어넘는 것이 무한히 있음을 인식하는 것이다." — 파스칼

(철학적) 탐구는 어떻게 우리의 생각을 유연하게 할까?

- 아래 문장에 대해 어떻게 생각하니?
  "우리를 성장하게 하는 것은 해답이 아니라 탐구다."
- 자신만의 해답을 찾으려면 어떤 자질을 계발해야 할까?

우리는 모든 해답을 알 수 있을까?

"어떤 답은 결코 확정적이지 않으며 시간이 흐르면서 변할 뿐이다. 어떤 답은 늦게서야 알게 된다."

- 어렸을 때와 다른 답이 나오는 질문이 있니? 아직 대답할 수 없는 질문이 있니?

"내가 아는 것은 내가 아무것도 모른다는 사실이다." — 소크라테스

- 소크라테스의 말은 자신이 어떤 것도 모른다는 것을 의미하는 걸까, 아니면 언제나 발견하고 배울 것이 있다는 것을 의미하는 걸까?

유일하게 가능한 해답이 있을까?

"올바른 길을 가고 있다고 생각하는 것과 이 길이 유일한 길이라고 믿는 것은 별개의 문제다." — 파울로 코엘료

- 어떤 길이 유일하게 옳은 길이라고 믿는다면 다른 사람들과의 관계는 어떻게 될까?
- 우리가 다른 관점을 받아들일 때 어떤 일이 생길까?
- 어떤 태도가 편협함으로 이어지니? 관용으로 이어지는 태도는 뭘까?

자녀가 진실의 문제에 대해 성찰하도록 하는 데는 두 가지 관점이 있습니다. 도덕의 관점에서 진실의 반대는 거짓이고, 지식의 관점에서 진리의 반대는 오류입니다.

아이들은 꾸지람을 듣지 않으려고 종종 거짓말을 합니다. 자녀에게 거짓말을 하지 말라고 할 때는 다음의 장점을 알려주세요. 솔직함은 사람들 사이의 신뢰를 유지하도록 하기 때문에 가치가 있다고, 즉 '말 그대로' 믿을 수 있기 때문에 가치 있다고 말입니다. 모두가 모두에게 거짓말을 하는 세상을 잠시 상상해보세요. 대체 누가 누구를 믿겠습니까? 칸트와 같은 일부 철학자들은 거짓말을 해서는 안 된다고 생각했습니다. 그렇지 않으면 불신이 사회적 유대관계의 규칙이 되기 때문입니다. 그러나 항상 진실을 말할 수는 없기 때문에 실제로는 복잡한 문제입니다. 때로는 거짓말을 해야 할 때도 있는데, 걱정을 끼치지 않기 위해, 누군가를 상처 주지 않기 위해, 무고한 사람을 보호하기 위해서입니다. 지식 차원에서 진리에 대한 탐색은 신뢰할 수 있는 지식을 획득하기 위한 기본 바탕입니다. 예를 들어, 우리는 과학을 통해 주장에 대한 근거를 찾는 방법을 개발합니다. 반면에 철학에서는 합리적 의심, 의견 검토, 편견에 대한 비판, 긍정이나 반대에 대한 논증을 통해 진리를 찾아갑니다.

'우리가 진실에 도달할 수 있을까?'라는 질문을 던지려면 자녀에게 이성적 증거와 관련된 과학 지식과 주관적인 믿음과 관련된 종교 신념을 구별하도록 가르칠 필요가 있습니다. 비록 그 증거가 종교적인 텍스트라 할지라도 그것이 언어로 쓰여 있기 때문에 여러 가지로 해석될 수 있으며 신화는 증거가 아니라 이야기의 형태로 의미를 전달한다는 것을 보여주는 것도 중요합니다. 세상에는 복잡한 질문이 수없이 많기 때문에 그 한계를 납득하기 위해서는 이성이 중요하다는 것을 자녀가 이해할 수 있도록 도와야 합니다.

가장 중요한 것은 아무도 모든 문제에 대해 즉각적인 답을 가지고 있지 않다는 것을 자녀에게 알려주는 것입니다. 어떤 답은 문헌이나 유능한 사람에게서 찾을 수 있고, 어떤 답은 경험과 연구를 통해 스스로 찾아야 합니다. 때로는 답을 찾는 데 아주 오랜 시간이 걸릴 수도 있고요.

CLASS

13

시간

현재를 충실하게 살게 하는 조건

시간에 대해 성찰하는 것은
현재·과거·미래 사이의 연속성을 깨닫고
행동의 결과에 대해 생각하도록 도와줍니다.
이는 인생에서 책임감을 가진
주체가 되기 위한 자산입니다.

성찰의 실마리 1

시간을 의식하며 산다는 건 무슨 뜻일까?

시간을 느끼는 방법은 무엇일까?

시간 비교해보기

- 시계를 보지 않고 좋아하는 게임을 하면 몇 시간이나 흐른 것 같니? 숙제를 할 때는 어떠니?
- 짐작한 시간을 초시계로 잰 시간과 비교해보자. 어떤 결과가 나왔니?

시간과 관련된 표현 살펴보기

시간을 죽이다

시간을 버리다

시간을 가지다

시간을 벌다

좋은 시간을 보내다

시간을 내다

- 위의 표현 중 어떤 표현이 긍정적인 느낌이니? 또 어떤 것이 부정적인 느낌이니?

현재에는 어떤 경험을 할 수 있을까?

현재에는 여러 가지 순간이 있어. 즐거움이나 고통을 경험하는 순간(선물을 받을 때, 넘어져서 다칠 때), 목표를 달성하기 위해 노력을 쏟아붓는 순간(시합에 대비해 훈련할 때), 선택의 순간(오른쪽으로 갈지, 왼쪽으로 갈지) 등이 있지. 다른 예시도 찾아보자.

어떤 상황

비비앙은 새 휴대폰을 갖고 싶어해. 부모님은 용돈을 아껴서 사라고 하지만, 비비앙은 당장 새 핸드폰이 갖고 싶어서 부모님을 조르다가 결국 부모님과 갈등이 생기지.

- 비비앙은 어떻게 하기로 선택하니? 너는 비비앙의 선택을 어떻게 생각하니?
- 비비앙과 같은 상황을 겪은 적이 있니?
- 갖고 싶은 것이 생기면 언제나 당장 살 수 있는 걸까?

- 순간의 욕망에 집중하면 성장할 수 있을까, 없을까? 지속적인 행복을 만들 수 있을까, 없을까? 왜 그렇게 생각하니?

어떤 대화

“현재 무엇을 하고 싶나요?”라는 질문에 첫 번째 사람은 “새로운 걸 발견하고 싶어요. 새로운 건 항상 놀랍거든요”라고 답했어. 두 번째 사람은 “성찰하고, 공부하고 싶어요”라고 답했고, 세 번째 사람은 “전 사람들을 만나고 이야기를 나눌 때마다 행복해요”라고 대답했어.

- 누가 순간의 경험에 대해 말하고 있지? 지속적인 경험은? 일상의 경험은?
- 너는 현재 무엇을 경험하고 싶니?

성찰의 실마리 2

너의 현재와 과거는 어떤 관계에 있을까?

머릿속에 어떤 추억이 남아 있니?

추억은 추억으로 남겨야 할까?

"전학을 왔는데 저번 학교의 친구들이 보고 싶어."

"나도야. 하지만 나는 새로운 친구들을 사귀어보려고 노력 중이야. 혼자 있기는 싫으니까."

- 두 학생의 태도에 대해 어떻게 생각하니? 둘 중 누가 더 행복할까?
- 더는 가질 수 없어 아쉬운 것들이 있니? 그럴 때는 어떻게 하니?

에르윈은 놀다가 남동생을 밀쳐서 손목을 다치게 했어. 죄책감에 사로잡힌 에르윈은 식욕도 잃고 말았지. 그때 엄마가 이렇게 말했어. "지나간 일을 곱씹어봤자 아무것도 해결되지 않고 가슴만 아플 뿐이야. 자신을 그만 탓하렴. 동생한테 미안하다고 하고 어떻게 도와줄지 물어봐. 앞으로는 조심하고!"

- 죄책감을 느껴본 적이 있니?
- 너라면 에르윈에게 그의 엄마와 같은 조언을 하겠니? 왜 그렇게 생각하니?

노르베르가 말했어. "아빠가 돌아가셨는데, 장례식 때의 기억이 지워지지가 않아."
다른 아이도 말했어. "나는 엄마가 돌아가셨어. 엄마가 너무너무 그리워. 시간이 흐를수록 엄마가 주셨던 사랑이 떠올라."

- 이 대화를 보고 어떤 생각을 했니?
- 시간이 지나면 상처가 아물까? 조금? 완전히? 왜 그렇게 생각하니?

현재를 밝히는 추억들

"젊었을 때가 좋았지." 할아버지가 한숨을 내쉬면서 말씀하셨어. 학비를 대려고 밤에는 일을 해야 했다는 사실은 잊어버리셨지.

- 할아버지는 젊은 시절에 정말 행복하셨을까? 왜 과거를 실제보다 아름답게 추억할까?
- 할아버지가 느끼는 노스탤지어(nostalgia, 고향이나 지난 시절에 대

해 그리워하는 마음)는 즐거움을 떠올리게 하는 추억과 어떤 차이가 있니?

쟈니는 이런 말을 했어. "잠들기 전에 지난 방학 때 갔던 산의 풍경을 떠올려. 그러면 마음이 차분해져. 풍경이 정말 아름다웠거든."

- 쟈니처럼 마음을 편안하게 하는 추억이 있니?

"우리 내면 깊숙이 자리한 추억들은 인생의 파도가 몰려올 때마다 영혼에 희망과 다시 일어설 힘을 한가득 불어넣어 준다."

— 알랭 아야슈(Alain Ayache, 『세상의 모든 딸들에게』 저자)

- 너에게도 기운을 내게 해주는 추억이 있니? 있다면 무엇인지 설명해보자.

과거는 현재에 어떤 영향을 줄까?

다음에 제시된 몇 가지 점에 대해 성찰하고 다른 예도 찾아보자.

과거의 행동에서 비롯된 결과

캐시는 도자기 체험 코스를 듣지 못하게 되어 불평을 쏟아놓았어. 세 달 전에 등록을 했어야 했는데 깜빡했거든.

쟈니는 2년 전에 작은 사과나무를 한 그루 심었는데, 나무를 잘

가꿔서 올해 처음으로 사과를 수확하게 되었어!

- 과거의 행동에서 비롯된 현재의 상황을 말해보자. 행복한 상황도 있고 그렇지 않은 상황도 있겠지. 이것으로부터 어떤 결론을 얻을 수 있을까?

유용한 교훈

한 여자아이가 부모님이 없을 때 바비큐를 구우려고 불을 지피다가 화상을 입었어. 부모님이 하지 말라고 당부했는데도 말이야. 아마 다시는 혼자서 불을 지피지 않을 거야.

- 너는 어떤 경험을 통해 교훈을 얻니?

배우고 실습하기

오드는 작년에 수영장에서 다이빙을 배웠어. 이제는 깊은 바다에서 다이빙하는 게 두렵지 않아.

- 오늘날 유용하게 생각하는 배움의 예를 들어보자.

다음 문장들에 대해 어떻게 생각하니?

"과거 속에 살면 현재도 살 수 없고 미래도 건설할 수 없다."

"과거라는 다락방에서 삶을 돕는 것과 방해하는 것을 분리할 줄 알아야 한다."

성찰의 실마리 3

너의 현재와 미래는 어떤 관계에 있을까?

- 미래가 기대되니?
- 미래가 어떻게 되길 바라니?
- 미래가 두렵니? 두렵다면 무엇이 두렵니?

미래를 두려워해야 할까?

"사람들은 미래를 걱정하느라 현재를 잊고, 결국 현재도 미래도 살지 못한다."

— 공자

- 어떻게 하면 미래와 연관된 걱정에서 벗어날 수 있을까?
- 현재에 집중하면 미래를 더 잘 준비할 수 있을까, 아닐까? 왜 그렇게 생각하니?

미래를 준비할 수 있을까?

계획은 중요한 걸까?

- 계획이란 무엇일까? 계획은 어떤 점에서 현재와 미래의 다리 역할을 할까?
- 시간을 통제할 수 있다는 느낌이 드니, 아니면 들지 않니? 왜 그렇게 생각하니?
- 계획을 가지고 있니? 어떤 계획? 너의 선택을 설명해보자.

결과를 미리 생각하는 건 도움이 될까?

- 현재의 행위가 불러올 결과를 생각해야 할까, 아닐까? 왜 그렇게 생각하니?
- 행복한 미래를 준비하기 위해서는 어떻게 행동해야 할까?

"우리는 '좀 이따가'라는 길을 통해 '절대로'라는 집에 도착한다."

— 세르반테스(Cervantes)

- 오늘 해야 하는 일을 내일로 미루면 어떤 결과를 맞게 될까? 예시를 들어보자.

아래 의견은 상반될까, 아닐까?

"미래는 예측할 수 없다."

"미래는 오늘의 선택에 달려 있다."

성찰의 실마리 4

인간에게 시간은 유한할까, 영원할까?

"태어난 날조차 죽음으로 향하는 길에 있다." — 몽테뉴

- 인간이 언젠가는 죽기 마련인 유한한 존재라는 사실은 삶에 어떤 영향을 미칠까?
- 어째서 인간은 영원히 죽지 않는 불멸을 꿈꾸는 걸까?

유한성에 대한 또 다른 시선

"하루하루는 그 자체로 인생과 같다." — 세네카

- 위 문장에 대해 어떻게 생각하니?
- 위와 같은 생각이 삶의 방식에 어떤 영향을 미칠까?
- 하루하루의 삶과 인생 전체는 어떤 관계일까?

쌍둥이 이야기

아주 빨리 자라고 싶어하는 아이가 있었어. 그래서 학교를 안 다니려고 마법의 지팡이로 어린 시절을 건너뛰었지. 그런 다음 청소년기를 건너뛰어 결혼했고 결혼생활이 지겨워진 그는 즉시 아이를 가졌어. 아이를 키우는 데는 돈이 많이 들어서 아이를 즉시 어른으로 만들고 집을 떠났어. 마침내 늙지 않기 위해 죽어버렸대. 그는 겨우 몇 달을 살았을 뿐이지! 반면 그의 쌍둥이는 마법의 지팡이를 사용하지 않았어. 그는 노력하고 실패하고 역경을 딛고 일어섰으며 성장하는 기쁨, 가치 있는 성공, 사랑의 기쁨도 경험했지. 나이가 들어갔지만 그래도 행복했대.

- 두 쌍둥이 중 누가 옳은 선택을 했다고 생각하니?
- 삶의 각 단계를 피하는 편이 행복할까, 받아들이는 편이 행복할까? 그렇게 생각하는 이유는 뭐니?
- 어른으로자라고 싶니, 아니면 아이로 머물고 싶니? 설명해 보자.
- 마법의 지팡이가 있다면 삶의 단계를 바꾸고 싶니? 만약 바꾼다면 어떤 부분을 바꾸고 싶니?

더 깊이 생각하기

"우리는 긴급한 것을 위해 중요한 것을 희생한다. 그 결과 중요한 것의 긴급함을 잊어버리고 만다."

— 에드가 모랭(Edgar Morin, 프랑스의 문화비평가)

- 긴급한 것과 중요한 것의 차이는 무엇일까?
- 우리가 긴급하다고 말하는 것들이 정말로 긴급할까? 예를 들어보자.
- 인생에서 무엇이 가장 중요하다고 생각하니?

"인생에 살아온 햇수를 더하는 것이 아니라, 살아온 햇수에 인생을 더하도록 노력해야 한다." — 존 F. 케네디

- '살아온 햇수에 인생을 더하는' 것은 무슨 뜻일까?
- 충만한 삶을 살기 위해 필요한 정신적 태도는 무엇일까?

아이들은 자신의 개인적 경험을 통해 주관적으로 느껴지는 시간을 표현할 수 있습니다. 그 시간은 지루한 기다림의 순간에는 너무 느리게 가고, 즐거운 놀이의 순간에는 너무 빨리 지나가죠. 반면 시계의 시간은 항상 같은 순간에 일어나는 객관적이고 수학적이며(1초 =1초) 돌이킬 수 없는 시간입니다. 아이들은 같은 속도지만 다르게 느껴지는 이 두 시간을 구별할 줄 압니다.

시간에 관한 표현을 자녀에게 제안하거나 자녀와 함께 사전에서 찾아보세요. 이러한 시간 표현은 현실에 대해 많은 것을 말해줍니다. 아이는 살아온 시간의 다양한 측면을 재미있는 방식으로 이해할 것입니다. 여기에서 인간과 시간의 관계를 보다 추상적으로 탐구할 것입니다. 부모는 과거에 대한 기억, 현재를 경험하는 다양한 방식, 미래에 대한 계획에서 성찰을 시작할 수 있습니다.

과거는 영원히 사라진 것으로 더 이상 존재하지 않습니다. 왜냐하면 순간이란 태어난 즉시 사망하기 때문입니다. 그러나 과거는 행복하거나 불행한 기억을 우리의 기억에 남겨두고 자신의 방식으로 다시 살아납니다. 그럼에도 기억은 좋든 나쁘든 과거를 왜곡합니다. 미래는 아직 오지 않았지만, 우리가 성취하고자 하는 계획을 세우고 예상할 수 있게 해줍니다. 불확실성, 실수, 실패, 실망에 대한 두려움이 분명히 존재합니다. 하지만 역시 노력, 의지, 용기, 성취의 기쁨, 성공의 희망 등도 존재하지요. 그럼에도 불구하고 우리에게는 현재만이 존재하며 현실 속에서 살아가고 있습니다. 어떤 이들은 현재가 영원의 유일한 형태라고 말합니다. 현재는 고통, 기다림, 지루함, 조바심의 시간이기도 하고 때로는 감동, 즐거움, 경이로움, 부드러움, 성취감의 시간이자, 성찰과 정신 활동의 시간이기도 합니다.

탄생에서 죽음까지의 과정은 냉정한 시간의 화살과도 같습니다. 모든 것, 특히 좋은 시간은 지나가기 때문에 우리는 한계를 인식해야 합니다. 또한 그것이 우리가 살고 있는 차원이자, 행복하기 위해 받아들여야 하는 조건임을 이해해야 합니다. 부모와 함께 성찰하면 자녀는 인간의 조건을 수월하게 길들이는 방법을 배우게 됩니다. 이는 아이가 온전히 인간답게 살 수 있도록 하기 위한 필수 조건입니다.

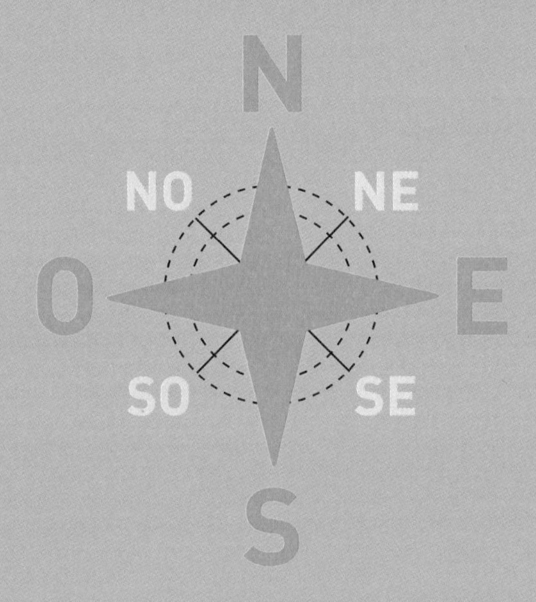
N
NO
NE
O
E
SO
SE
S

CLASS
14

인생 계획

책임감 있는 어른이 되기 위해 필요한 것

자녀와 함께 “난 어른이 되면…”으로 시작하는
인생 계획을 이야기해보는 시간입니다.
자녀의 꿈과 진로, 미래의 직업과 직접적으로 관련된
토론의 시작점이며 성공한 인생이 무엇인지 성찰해볼 기회입니다.
자녀가 빨리 어른이 되고 싶은 욕구를 유지하면서도
현실을 직시할 수 있게 해주세요.

성찰의 실마리 1

어른이 된다는 건 무슨 뜻일까?

"나중에 커서 어른이 되면…"

- 어른이 되면 무얼 하고 싶니? 왜 그렇게 생각하니?

짧은 대화

"난 크면 소방관이 될 거야." 한 아이가 빨간 장난감 소방차를 보이며 말했어.

"그건 위험해. 화상을 입을 수도 있어." 다른 아이가 대꾸했지.

"내 소방차가 불길을 뚫고 지나갈 건데 뭘."

"난 의사가 될 거야."

"주사랑 알약 좋아해?"

"아니, 그냥 아빠처럼 되고 싶어서."

- 한 아이는 소방관이, 다른 아이는 의사가 되고 싶어하는 이유는 왜일까? 각자의 주장에 대해 어떻게 생각하니?

"예전에는… 이제는…"

"예전에는 광대가 되고 싶었는데, 이제는 전서구(통신용 비둘기) 조련사가 되고 싶어."

- 네 경우는 어떠니? 너도 생각을 바꿨니? 그 이유는 뭐니?

"내가 어른이 되면 하고 싶은 건 다 할 거야!"

"어른들은 하고 싶은 걸 다 해. 늦게까지 텔레비전을 보고 케이크도 허락 받을 필요 없이 마음껏 먹잖아."

"어른들은 하고 싶은 일을 다 하지만 밀려드는 업무, 도로의 교통 속도 제한, 각종 청구서 등으로 걱정투성이야."

- 어른들은 하고 싶은 건 다 한다고 생각하니?
- 가정에서든 사회에서든, 모두가 하고 싶은 대로 하면 함께 살 수 있을까? 상상해보자!

성찰의 실마리 2

어떻게 하면 성숙하게 자랄까?

우리는 키가 자라고 나이를 먹으면서 생각도 성숙하게 되지.

- 어떤 경험이 성숙하게 자라는 데 도움이 될까?

서로를 더 잘 안다는 것은 무엇일까?

저마다 다른 관심사

- 너의 취향은 무엇이니? 어떤 신체적, 지적, 예술적, 정신적 활동을 하고 있니?
- 네게 가장 중요한 것이 무엇이니? 최대한 즐거움을 느끼는 것이니? 왜 그렇게 생각하니?
- 나중에 어떤 활동을 계속하고 싶니?

각자의 장점과 단점

- 학교에서 가장 잘하는 과목이 뭐니? 방과 후 활동에서는? 집에서는?
- 어려움을 겪은 적이 있니? 어떤 분야에서? 어떤 어려움이 가장 이겨내기 수월한 것 같니?
- 너의 장점과 단점은 뭐니? 개선해야 할 점은 뭐니? 개선할 점을 깨닫는 것은 네가 성장하는 데 도움이 되니?

책임감을 느끼면 성장할까?

사촌 사이인 톰과 레오는 조부모님 집에서 함께 휴가를 보냈어. 집으로 떠날 때가 되자 할아버지는 각자에게 커다란 새장에 든 새를 한 마리씩 선물해주셨어.
집에 도착한 톰은 꽃이 핀 발코니에 새장을 걸어놓았어. 씨앗을 가져다주면서 새에게 말을 걸곤 했지. 어느 날 톰이 플루트 곡의 한 구절을 연습하자, 새가 노래하기 시작했어. 그 이후로 톰은 새장 근처에 가서 플루트를 연주했어.
한편, 레오는 친구들을 만나려고 서두르느라 새를 짐 가방 사이에 내버려뒀어. 레오가 집에 돌아오니 개가 바닥에 놓인 새장을 보고 짖어댔어. 레오는 새의 상태를 살피지 않고 새에게 그저 먹이만 주고 말았어. 새가 약해져가는 것은 보지 못한 채 말이야.

- 너라면 톰과 레오 중 누구처럼 행동했을까? 왜 그렇게 생각하니?
- 둘 중 누가 책임감을 느꼈다고 생각하니?
- '책임감 있다'라는 표현이 무엇을 뜻하는지 말할 수 있니? 어째서 책임감이 있으면 성장할까?

성찰의 실마리 3

어른이 되면 어떤 직업, 어떤 가정을 가질까?

직업에 대해 생각해보기

- 어른이 되면 어떤 일을 하고 싶은지 생각해둔 게 있니? 그 직업의 어떤 점에 끌리니?
- 어른이 되면 무엇을 하고 싶지 않니? 왜 그렇게 생각하니?
- 그 직업을 갖기 위해 필요한 공부나 훈련에 대해 생각해봤니?

우리는 항상 가지고 싶은 직업을 가질 수 있을까?

다음 세 사람이 직업을 선택하게 된 이야기를 살펴보자.
플로라는 번역가로 활발하게 활동하고 있어. "선생님 말씀을 듣지 않았어요. 수학을 하고 싶었지만 실력이 부족했지요. 다행히 외국어를 새로 배워 번역가로 일하고 있어요."

막스는 기성복 매장의 영업 사원이야. "제 꿈은 스타일리스트였어요. 하지만 제가 원하는 일자리가 너무 적었어요. 그래서 영업 사원 구인 광고를 보고 지원하게 되었지요."

코랄린은 조종사가 꿈이었지만 시력이 좋지 않아 안경을 썼고, 그래서 결국 공인중개사로 눈을 돌렸어.

- 위의 예시에 따르면 진로를 선택할 때 무엇을 중요하게 고려해야 할까?
- 진로를 바꾸는 것에 대해 어떻게 생각하니?

일은 중요할까?

- 다음 주장에 대해 동의하니, 동의하지 않니? 그렇게 생각하는 이유는 뭐니?

  "일은 사회에서 자기 자리를 갖게 한다."

  "일은 독립심을 갖게 한다."

  "일은 한 사람의 정체성을 빛어낸다."

- 다음의 대립되는 의견에 대해 해석하고 네 의견을 주장해 보자.

  "일을 해야 살 수 있다면 살아있는 의미가 없다."

  — 앙드레 브르통(André Breton, 프랑스의 시인이자 초현실주의자)

  "일생에서 가장 중요한 것은 직업 선택이다." — 파스칼

일이 없을 때는 어떻게 할까?

스테파니의 아빠는 실직 상태야. 그는 가족의 생계가 걱정되긴 하지만, 예전과 다름없이 지내며 아이들이 학교에서 배운 것을 암송하게 하고 제시간에 집에 돌아오지 않으면 꾸짖고 함께 놀아주거나 조깅에도 데려가지.

한편 같은 실업자인 미나의 아빠는 항상 이렇게 중얼거려. "일이 없으면 난 아무것도 아냐…."

- 한 사람의 정체성은 직업에 얼마나 많이 좌우될까? 조금, 많이, 아니면 완전히? 왜 그렇게 생각하니?

가정을 꾸리는 것에 대해 생각해보기

커플로 살기에 대해

다음 사람들의 의견을 들어보자.

"좋아하는 사람이 생기면 혼인신고 같은 공식 절차 없이 함께 살 거야."

"나는 시청이나 교회에서 결혼식을 올릴 거야."

"난 혼자 살 거야."

- 동거, 결혼, 비혼의 장단점은 각각 뭐라고 생각하니?
- 어른이 되면 누군가와 함께 살고 싶을까, 아니면 혼자 살고 싶을까? 설명해보자.

아이 기르기에 대해

- '가정을 꾸린다'는 건 무엇이라고 생각하니? 그것이 인생에서 중요할까?
- 어른이 되면 자녀를 갖고 싶니, 갖고 싶지 않니? 그렇게 생각하는 이유는 뭐니? 대가족은 어떠니?
- 자녀를 가지면 인생에 어떤 변화가 찾아올까?
- '자녀를 교육한다'는 건 단순히 아이가 잘 곳을 제공하고 먹을 것을 주고 필요한 것을 사주는 것일까?
- '아이를 책임진다'는 건 무엇일까?
- 부모가 된다면 자녀와의 관계에서 중요한 것은 무엇이라고 생각하니?

인생에서 성공을 거둘 것인가,
성공한 인생을 살 것인가?

어떤 성공을 선택할까?

세 사람의 각기 다른 성공

귀스타브는 회사에서 중요한 직책에 있어. 집이 여러 채에 자동차도 여러 대를 가지고 있지. 돈이 있으니 사람들이 그에게 잘보이려 애쓰고 주변 사람들은 "그 사람, 인생에서 성공했잖아"라고 말하지.

제랄드는 자신의 정원을 즐겁게 가꾸며 과일과 채소를 이웃과 나누지. 많은 사람이 그를 만나러 와서 자신의 문제를 털어놓고 기운을 되찾은 뒤 돌아가곤 해. 주변 사람들은 "그 사람, 성공한 삶을 살고 있어"라고 말해.

필리베르는 유명한 변호사야. 부유하고 안락하게 생활하는 동시에 누명을 쓴 가난한 사람들을 무료로 변호해주지. 주위 사람들은 필리베르가 인생에서 성공하기도 했고 성공한 인생을 살고 있다고 말해.

- 왜 사람들은 귀스타브가 "인생에서 성공했다"고 말하니?
- 제랄드는 어떤 점에서 '성공한 인생'일까?
- 누가 가장 행복하다고 생각하니? 왜 그렇게 생각하니?
- 필리베르는 왜 인생에서 성공하기도 하고 성공한 인생도 살고 있니?
- 성공한 인생은 무엇일까?

성공의 기준은 뭘까?

"우리는 다른 사람들과 맺는 관계보다 연봉이나 자동차의 크기로 성공을 측정하는 경향이 있다." — 마틴 루터 킹

- 위 의견에 동의하니, 동의하지 않니?
- 너는 어떤 사람이 성공했는지 어떻게 측정하니?
- 어떤 사회에서 물질적 재화가 우선적인 가치로 평가되니?
- 어떤 사회에서 인간관계가 우선적인 가치로 평가되니?

성공의 수단에는 뭐가 있을까?

다음의 키워드를 가지고 카드놀이를 해보자.

- **동기** 사회적 야심, 물질적 이익, 유용한 존재가 되고 싶다는 바람, 삶의 질 향상, 세상에 대한 개방성 등
- **계발할 자질** 의지력, 인내심, 타인에 대한 존중, 사랑, 대담함, 효율성, 적응력, 회복력, 창의성, 낙관주의 등
- 네가 생각하는 성공의 수단에 대해 중요한 순서대로 카드의 순위를 매겨보자. 다른 카드를 추가해도 좋아.

여러 난관에도 불구하고 성공한 인생을 살 수 있을까?

불만족에 맞선다면?

다음 각 문장을 설명하고 네 의견을 말해보자.

"가지지 않은 것에 대해 생각하기보다 가진 것으로 무엇을 할 수 있는지

생각하라." — 어니스트 헤밍웨이

"네가 하는 일을 사랑한다면 성공할 것이다." — 알베르트 슈바이처

어려움에 맞선다면?

다음 문장들에 대한 네 생각을 말해보자.

"추락은 실패가 아니다. 실패는 넘어진 곳에 머무르는 것이다." — 소크라테스

"상황이 어려워서 감히 도전하지 못하는 것이 아니라, 감히 도전하지 않기 때문에 상황이 어려운 것이다." — 세네카

"비관론자는 모든 기회에서 어려움을 보고, 낙관론자는 모든 어려움에서 기회를 본다." — 윈스턴 처칠

- 위 각각의 생각들은 우리 삶에 어떻게 용기와 활력을 불어넣어 주니?

우리는 해석의 열쇠가 필요할 만큼 세상을 읽기 힘든 시대에 살고 있습니다. 세계는 끊임없이 변화하고 있으며, 개인이든 조직이든 미래는 유동적이고 불확실하며 예측할 수 없습니다.

부모는 자녀가 세상을 이해하고 탐색하는 데 필요한 도구를 제공하여 자녀가 곧 경험하게 될 **현실에 대비하도록 도울 수 있습니다.** 또한 우울한 분위기에서도 자신감을 심어주어 실망하지 않는 낙관적 사고를 유지하도록 해야 합니다. 어린이로 남아 있는 것과 어른이 되는 것 사이에서 주저하는 시기, 끊임없이 자신을 찾는 시기에는 자신의 가능성과 한계를 파악하고 자신을 더 잘 알기 위해 정체성을 구축하며 개인 및 집단 차원에서 완성을 향한 계획을 가지는 것이 중요합니다.

따라서 자녀가 자신이 상상한 미래를 표현하고 기준점을 갖도록 도와야 합니다. 또한 기대하는 가치에 이름을 붙이고 체험하며, 선택을 명확히 하기 위해 우선순위를 정하고, 진정한 자유가 무엇인지 이해하고, 책임감을 계발하도록 도와주어야 합니다. 자녀의 나이에 따라 취미와 가능성에 맞는 미래의 직업을 예상하고 단기적, 장기적으로 수행할 학업을 결정할 수 있을 것입니다. 부모는 자녀와 함께 가족 및 사회 차원에서 할 수 있는 다양한 삶의 방식을 탐구하게 될 것입니다. 서로 역할을 바꿔 자녀가 부모라면 어떻게 행동할 것인지 묻는다면 자신의 태도에 책임지는 성숙한 인간으로 성장하는 데 도움이 될 것입니다.

자녀에게 미래에 부딪힐 수도 있는 어려움을 숨겨서는 안 됩니다. 과잉보호는 훗날 자녀를 빈곤하게 만들기 때문입니다. 대신 자녀의 강점을 높이 평가하세요. 오늘날의 사회에서 단번에 주어지는 것은 아무것도 없다는 것을 깨닫는다면, 예기치 못한 상황과 사건에 적응하는 능력을 기르고 실수와 실패를 극복하는 데 도움이 될 것입니다. 인간으로서 '항상 자신을 위해 더 많이'라는 명령에 집착하지 않고, 특히 다른 사람들과의 열린 관계에서 어떻게 성장하고 자아실현을 이뤄야 할지 함께 성찰하세요. 자녀는 이 과정을 통해 단지 인생에서 성공하는 것이 아니라 마음과 정신의 자질을 발전시켜 성공적인 인생을 사는 방법을 더 잘 알게 될 것입니다.

CLASS

15

더불어 살기

자신의 행복과 모두의 평화를 위한 밑거름

자녀는 가정에서
더불어 사는 법을 배우기 시작합니다.
부모와 함께 성찰하는 과정은
이러한 '경험'을 더 큰 공동체로 확장하는 데 도움이 되며
상호 존중을 통해 더불어 살기를 시작하는 계기가 됩니다.

성찰의 실마리 1

너는 어떤 집단에 속해 있니?

- 네가 살고 있고 또 속해 있는 최초의 사회 집단은 무엇이니?
- 가족이 사이좋게 지내기 위해 지켜야 하는 원칙이 있니?

서로 존중하는 것은 중요할까?

왜 다른 사람들에게 관심을 기울여야 할까?

남동생이 기타를 치는 바람에 입시 준비를 하는 누나가 화를 냈어. 남동생은 부모님이 자신에게 소리를 지르자 방으로 도망갔어. 하지만 전날 남동생은 난리를 치며 누나를 방에서 쫓아냈었어!

- 가족 간 다툼의 원인은 무엇일까? 어떻게 다툼을 피할 수 있을까?

왜 예절이 필요할까?

- 언행이 무례한 아이와 예의 바른 아이를 묘사해보자.
- 예의 바른 사람들 사이에서는 어떤 일이 일어날까? 무례한 사람들 사이에서는?
- 예절과 관련해 서로 상반된 다음 문장에 대해 설명해보자.

  "예절은 종종 위선적인 덕목이자 누구에게도 존경심을 거절하지 않는 아첨의 태도다."

  — 오노레 미라보(Honoré Mirabeau, 프랑스의 정치가)

  "가슴에서 우러나오는 예절이 있다. 이런 예절은 사랑과 뿌리가 같다. 가장 편안한 사회적 매너는 여기에서 비롯한다."

  — 괴테

협력하는 것은 중요할까?

협력인가 경쟁인가?

두 친구가 자전거 경주에 참가했어. 초반에는 선의의 경쟁의식이 둘을 자극했지. 하지만 결승선에 가까워지자 각자 이렇게 생각했어. "저 녀석이 미끄러지면 내가 1등이야. 상금도 내 것이고!"
두 명의 친구가 물레방아를 만들고 있어. 한 명은 측정과 계산을 맡고 다른 한 명은 절단과 조립을 담당했지. 맡은 일을 성공적으로 완수하기 위해 각자의 재능을 하나로 모았던 거야.

- 선의의 경쟁의식 · 경쟁 · 협력 사이에는 무슨 차이가 있을까?
- 경쟁 사회와 협력 사회 중 어떤 사회를 선호하니? 그 이유는 뭐니?

우리는 무엇을 위해 서로 도울까?

쥐스탱의 부모님은 일 때문에 너무 바쁘셔. 그래서 부모님 대신 이웃집 아주머니가 매일 저녁 학교에서 배운 것을 복습하도록 쥐스탱을 도와주지. 한편 아주머니는 영화를 찍기 원하는데, 쥐스탱이 그 일을 도와주기로 했어.

- 서로 돕는 것이 무엇인지 정의해볼까? 돈을 받고 하는 서비스와는 어떤 차이가 있을까?
- 아무도 도와주지 않는 사회는 어떻게 될까?

규칙은 왜 중요할까?

"가정에서는 사회 구성원으로서 지켜야 할 규칙을 가르친다."

- 위 문장에 대해 동의하니, 반대하니? 너의 대답을 정당화해보자.
- 가정에서 배운 규칙이 학교나 다른 집단에서 생활할 때 도움이 된 적이 있니? 그 규칙이 네가 사회에서 살아갈 준비를 하는 데 어떤 도움을 주니?

성찰의 실마리 2

한 나라의 구성원이 된다는 건 무슨 뜻일까?

자기 나라에서 살 때

애국심이란 뭘까?

- 너는 대한민국에서 태어났어. 대한민국에 대해 어떤 감정을 느끼니? 그 이유는 뭐니?
- 다음 글에 대해 어떻게 생각하니?

“당신은 이 나라에 태어나 자부심과 애국심을 느낀다. 다른 나라에 태어났다면 똑같이 자부심과 애국심을 느꼈을 것이다. 심지어 더 깊이 느낄 수도 있다. 이 나라에 태어나 다른 나라에서 길러지고 성장했다면? 이 나라에서 태어났지만 소속되어 있는 국가에 대해 자부심을 느낄 것이다.”

— 폴 레오토(Paul Léautaud, 프랑스의 평론가이자 수필가)

시민 의식이란 뭘까?

- 대한민국 시민의 권리와 의무는 무엇일까? 정보를 찾아보자.

다른 나라에서 살 때

어떤 상황

프랑스인 질은 자신의 나라를 사랑하지만 회사 일로 영국에 파견되었어. 영국에 살면서 좌측 통행법을 지키고 동료들과 '아침식사'를 하고 자녀에게 교복을 입혀 학교에 보내지. 그렇다고 질이 프랑스의 문화를 잃어버린 것은 아니야. 질은 자신이 태어난 조국과 현재 살고 있는 제2의 조국 모두를 사랑해.

- 질의 행동이 합리적이라고 생각하니, 아니니?
- 제2의 조국의 법을 지키면 조국의 문화를 부정하는 걸까, 아닐까?

시민 의식이라는 개념을 확장할 수 있을까?

- 조국을 사랑하는 게 다른 나라를 사랑하지 않는 걸 의미할까?
- 대한민국 시민이면 아시아 혹은 세계 시민이 될 수 있을까, 없을까? 왜 그렇게 생각하니?

성찰의 실마리 3

지구에 속한 세계 시민으로 무엇을 해야 할까?

세계 시민이란 뭘까?

"인간은 개인과 문화의 다양성을 인정하면서도 공통된 인간애를 통해 서로를 인정해야 한다."

— 에드가 모랭(Edgar Morin, 프랑스의 문화비평가이자 철학자)

- 위 문장에 대해 어떻게 생각하니?
- '세계 시민'은 어떤 시민을 의미할까?
- 세계 시민이라고 해서 한 나라, 한 대륙의 시민이 될 수 없는 걸까?
- 자신을 세계 시민으로 생각하는 것이 무엇을 의미할까?
- 세계 시민이 되면 다른 사람들과의 관계도 변할까? 만약 그렇다면 어떻게 변할까?

자연과는 어떤 상호 작용을 할까?

자연은 살아 있을까?

식물에 관하여 연구에 따르면 식물은 서로 소통하며 성장에 영향을 미칠 정도로 음악에 민감하다고 해. 식물학자 장-마리 펠트(Jean-Marie Pelt)는 이러한 경험을 『지독하게 향기로운 자연의 언어(Les Langages secrets de la nature)』에서 설명했어.

- 이것은 인간이 식물 세계를 바라보는 방식을 어떻게 변화시킬까? 너는 식물에 대해 어떻게 행동하니?

동물에 관하여 프랑스 민법에서는 오랫동안 동물을 물건('동산')으로 간주해왔어. 그러나 2015년 의회는 법률 개정을 통해 동물을 '지각 능력을 지닌 존재'로 인정했지.*

- 개정된 법에 동의하니, 동의하지 않니? 동물에게 이런 지위를 주는 것이 적합할까? 너의 경험이나 책과 기사 등을 참고해 말해보자.
- 위의 개정된 법은 동물 보호에 어떤 영향을 미칠까?

자연을 꼭 보호해야 할까?

- 〈아마존의 눈물〉, 〈남극의 눈물〉, 〈지구의 날〉 같은 다큐멘

---

* 대한민국은 1991년 동물의 생명과 안전을 보호하고 생명 존중에 이바지하기 위해 '동물보호법'을 제정했다.

터리를 보고 생각한 점을 말해보자.

- 자연은 지구인의 삶에 어떤 필수적인 것을 가져다줄까?
- 자연을 오염시키고 자원을 고갈시키는 행위를 나열해보자. 이러한 행위는 인간의 삶에 어떤 영향을 미칠까?
- 프랑스 환경부 장관 니콜라 윌로(Nicolas Hulot)가 "환경에 대한 존중은 많은 행동 변화를 요구한다"고 말한 이유는 무엇일까? 또 어떤 행동 변화를 의미할까?

전 세계적 연대란 무엇일까?

다음에 제시된 몇 가지 예를 보고 다른 예도 찾아보자.

유네스코가 이룬 개선 사항

- 계속되는 불평등에도 불구하고 유네스코는 건강, 식수 보급, 빈곤 퇴치, 영양실조 해결, 교육 지원, 여성평등 증진 등에서 큰 성과를 이루고 있어. 이에 대해 어떻게 생각하니?

서로 돕기 위한 노력

2015년 유엔 보고서에 따르면 전 세계적으로 여전히 7억 9,500만 명이 영양 결핍 상태에 있다고 해.

- 먹을 것이 부족한 사람들의 일상은 어떨까?

- 인류의 일부가 겪는 빈곤은 나머지 인류에 영향을 미칠까, 그렇지 않을까? 미친다면 어떤 영향일까?

앞으로 해결해야 할 과제

"지구상의 전 인류에게 충분한 물이 있을까? 이론적으로는 그렇다. 그러나 물을 사용하고 공유하는 방식을 '근본적으로' 바꾸는 것이 시급하다." - 유엔 보고서(2015)

- 이 해결책에 대해 어떻게 생각하니? 더 나은 방식으로 자원을 공유하는 것은 수자원에만 유효한 문제일까?

연대라는 개념은 무엇일까?

홍수가 났을 때 서로 돕기

생-레미(Saint-Rémy)에 사는 한 주민은 이렇게 회상했어.

"홍수가 났을 때 우리는 자발적으로 서로를 도왔어요. 그러면서 사람들 사이에 있던 벽이 허물어졌어요. 나는 발을 헛디딘 한 여성을 구했고, 다른 사람들은 물에 잠겨가는 차에서 우리 아들을 구출해주었어요. 전날에는 전국에서 상상할 수 없는 연대의 손길을 내밀어주었고요."

- 모두가 시련을 겪을 때 어떤 형태의 연대가 생겨날까? 사람들 사이에 어떤 벽이 허물어질까? 뉴스에 나온 다른 사례들

을 찾아보자.

상반되는 생각

"세상에 연대는 존재하지 않는다. 단지 이기심의 연합만 있을 뿐이다. 우리 각자는 자기 자신을 구하기 위해 다른 사람과 함께 있다."

— 프란체스코 알베로니(Francesco Alberoni, 이탈리아의 사회학자)

"우리는 서로가 필요하다. 인간은 자신을 고립시키는 것이 아니라 삶을 나누도록 만들어졌다."

— 앨리스 파리조(Alice Parizeau, 폴란드 출신의 작가이자 저널리스트)

- 위 문장들에 대해 어떻게 생각하니?

어떤 방법으로 도와야 할까?

굶주린 두 남자가 각자 친구를 한 명씩 불렀어.

한 친구가 큰 가방을 가리키며 "여기 몇 주 동안 먹을 걸 가져왔어"라고 말했어.

다른 친구는 작은 씨앗 주머니를 가리키며 "이것으로 평생을 먹을 수 있어. 어떻게 키우는지 방법을 알려줄게"라고 말했어.

- 누가 당장 굶주린 배를 채울까? 누가 머지않아 독립적으로 살까? 이런 두 가지 형태의 연대는 양립할 수 있을까?
- 국제 연대를 실천하는 것에 대해 어떻게 생각하니? 인도적 지원에 대해서는 어떠니?

미래를 건설하려면 무엇을 고려해야 할까?

다음 세 가지 문제에 대해 깊이 생각해보자. 다른 문제는 무엇이 있을까?

행동의 문제

- 앙리 베르그송(Henri Bergson)이 남긴 다음 말을 보고 네 의견을 말해보자.
  "생각하는 사람처럼 행동하고, 행동하는 사람처럼 생각하라."
  "미래를 앞으로 일어날 일로 보지 말고, 미래를 가지고 무엇을 할 것인지 생각하라."
- 다음의 생각에는 동의하니? 너의 생각을 정당화해보자.
  "우리 모두는 행동할 수 있다. 모두가 제 몫을 한다면 그것이 아무리 작은 일이라도 필요한 일을 함께 이뤄낼 수 있다."
  — 미하일 고르바초프(Mikhail Gorbatchev, 러시아의 정치가)
  - 개인의 행동이 집단의 미래를 개선할 수 있을까?
  - 자신의 생각에 부합하는 집단에 참여하면 무엇을 얻을 수 있을까?
  - 세계 시민의 역할을 수행하기 위해 어떻게 행동해야 할까?

긴급성의 문제

- 다음의 경고는 정당화될 수 있을까? 왜 그렇게 생각하니?
  "형제처럼 더불어 사는 법을 배우지 않으면 바보처럼 함께 멸망하고 말 것이다."
  — 마틴 루터 킹

"마지막 나무가 베어지고 마지막 강물이 오염되고 마지막 물고기가 잡힐 때, 우리는 돈을 먹을 수는 없다는 걸 깨달을 것이다.

— 크리(Cree) 인디언

책임의 문제

"우리의 가장 큰 책임은 좋은 조상이 되는 것이다."

— 조너스 솔크(Jonas Salk, 미국의 생물학자)

- 위의 글에서 '좋은 조상이 되는 것'은 무엇을 뜻할까?

"교육은 모든 어린이가 자유로운 사회에서 모든 민족 및 국가, 종교 집단 간의 이해, 평화, 관용, 양성평등, 우정의 정신을 지니고 삶에 책임을 지도록 준비시키는 것을 목표로 한다.

— 유엔 아동권리협약

- 이 원칙이 현재 인류의 요구를 충족시키는 것 같니, 아니니? 왜 그렇게 생각하니?
- 너에게 자녀가 있다면 이 원칙을 적용하겠니?

"지속적으로 행복해지는 가장 좋은 방법은 자신이 주변 환경과 연결되어 있으며 몸담은 세상에 책임이 있음을 느끼면서 최대한 자신의 강점과 재능을 계발하는 것이다."

— 미하이 칙센트미하이(Mihaly Csikszentmihalyi, 미국의 긍정심리학자)

- 개인의 능력을 계발하고 세상에 대한 책임을 인식하는 이러한 행복의 개념에 동의하니, 동의하지 않니?

가정에서 존중받는 자녀는 모든 사람이 존중받을 권리를 더 쉽게 이해할 수 있습니다. 법과 규칙을 지키는 것에 관심을 가지며 다른 사람에게 배려와 친절을 베푸는 예절도 더 잘 이해합니다. 존중은 협력의 기초입니다. 경쟁은 한 팀의 결속력을 키우지만, 적에 대항하는 의견에만 일치할 뿐입니다. 즉 경쟁은 개인적 차원에서는 다른 사람을 넘어서거나 심지어 제거하려는 야심에 불과합니다. 개인주의 경향이 사회적 유대를 약화시키는 이 시대에 공동의 목표를 중심으로 인간을 화합시키는 협력을 배우기 위해서는 서로 돕는 정신이 필수입니다.

국가 차원에서 자녀는 시민으로서 자신의 위치를 알고 사회 전체를 위해 만들어진 법률에 대해 알게 됩니다.

이때 다음 두 가지 문제가 제기됩니다.

- 외국에 거주할 경우, 현재 살고 있는 나라의 법과 자기 나라의 관습을 존중하면서 조화를 이루는 것에 대한 문제입니다.
- 국가 차원의 시민 의식을 더 넓은 지역, 즉 아시아, 더 나아가 전 지구적 차원의 시민 의식으로 확장하는 문제입니다.

일부 사람들은 한 발 더 나아가 '세계 시민 의식'에 대해 이야기합니다. 국가의 경계 그리고 국가 개념과 종종 연결되는 민족주의를 넘어서기 위해서입니다. 각

나라는 국경으로 나뉘어 있기 때문에 인류를 하나로 묶는 것은 공통 조건인 인간성이며, 이는 전 지구적 차원에서만 이해할 수 있습니다. 이러한 성찰은 전 지구적 연대의 필요성을 보여줍니다. 환경 오염에는 국경이 없고, 지구 온난화에 대처하기 위한 공동의 대응이 시급합니다. 따라서 생태계 균형, 동식물 및 자원 보존 등에 대해 자녀의 인식을 고취시킬 필요가 있습니다.

자신의 가족에서 전 지구적 가족에 이르기까지, 우리가 더불어 살아가기 위해 다양한 차원의 공간에 속한다는 사실을 생각하는 것은 자녀가 자신이 살아 있는 모든 것과 연결되어 있다는 상호 의존성을 이해하는 계기가 됩니다. 또한 개인의 이익과 집단의 이익을 분명히 구별하고, 자신을 위한 행복과 모두를 위한 평화를 추구하게 합니다.

맺음말

살아 있는 교육을 위한 '철학수업'

"아이와 함께 철학하는 것만큼 가치 있는 것은 없다"

살아있는 교육은 우리 아이들이 자신의 삶을 만들어나가고 미래를 건설하는 데 참여할 힘을 기르도록 도와야 합니다. 이를 위해서는 감수성·상상력·창의성도 물론 필요하지만, 이 책의 핵심인 생각하는 능력이 반드시 뒷받침되어야 합니다.

소유·성과·경쟁이 파스칼식 용어로 말하면, 스트레스와 주의산만, 잘못된 조급성을 야기하는 이때, 우리는 모두가 성찰할 권리를 다시 확립해야 합니다.

우리는 자녀에게 너무 일찍부터 소비자로서의 지위만을 부여했습니다. 그 결과 이성을 사용하는 능력은 과소평가해왔습니다.

그러나 우리가 학생들과 진행한 '철학 토론수업'은 자녀가 어릴 때부터 질문하는 능력을 계발하고 그것을 즐길 수 있다는 사실을 증명합니다. 이처럼 성찰하는 습관은 자녀가 자신이 누구인지 알고 타인과 세상에 대한 이해를 높여 독립적인 한 인격체이자 미래의 시민으로 성장하는 데 도움이 됩니다. 특히 청소년기에 성숙한 사고력과 분별력, 책임감 있는 선택 능력을 발견하게 됩니다.

부정적 감정에 휩싸여 인내심이 곤두박질칠 때, 이성은 가능한 한 통제력을 키우기 위해 폭력과 거리를 두도록 합니다. 성찰은 자녀와 부모 및 교육자로 하여금 폭력을 부채질하는 감정적인 거부 반응과 두려움에서 벗어나도록 도와줍니다. 또 인간의 완전한 자유를 침해하는 사고방식에 대해 끊임없이 의문을 제기하도록 합니다.

바로 그런 이유로 부모는 자녀에게 이미 정해져 있는 틀에 박힌 답을 제공하는 대신, 사랑·행복·정의·진실·자유 등 '인생의 위대한 주제'에 대해 질문하는 토론을 통해 자녀의 성찰 여정에 동행해야 합니다. 아이와 함께 철학하는 것만큼 가치 있는 것은 없습니다. 물론 어른들에게도 자신에 대한 성찰이 요구됩니다. 어떻게 함께 성장하지 않고 철학 세계로의 모험을 떠날 수 있겠습니까? 그리고 그것이 함께 사는 기쁨이 아닐까요?

참고문헌

- Edwige Chirouter, *L'enfant, la littérature et la philosophie*, L'Harmattan, 2015.
- Francois Galichet, *Pratiquer la philosophie à l'école : 15 débats*, Nathan, 2004 (강주헌 옮김, 『아이와 함께 철학하기』, 문학동네, 2010).
- J. Levine et al., *L'enfant philosophe, avenir de l'humanité*, ESF, 2014.
- J.-C. Pettier et al., *Questions philo pour les 7-11 ans*, Bayard, 2011.
- Nicole Prieur, Isabelle Gravillon, *Nos enfants, ces petits philosophes. Partager avec eux leurs grandes questions sur la vie*, Albin Michel, 2013.
- Michel Tozzi, Francoise Carraud, *Être parent aujourd'hui*, Éditions Saint Augustin, 2004.

Marie Gilbert의 저서들

- *J'ai de l'autorité. Adoptez une attitude responsible*, Eyrolles, 2015.
- *Je fais confiance. Adoptez une attitude rassurante*, Eyrolles, 2014.
- *Je positive. Adoptez une attitude constructive*, Eyrolles, 2014.
- *Éduquer son enfant en cuisinant*, Chronique sociale, 2012.
- *Grandir avec les mots. Aimer, rire et créer*, Chronique sociale, 2011.
- *Aidez votre enfant à réussir sa vie*, Éditions de l'Homme, 2009.

Michel Tozzi의 저서들

- *La morale ça se discute*, Albin Michel, 2014.
- *La philosophie, une école de la liberté(contribution)*, Éditions Unesco, 2007.
- *Place et valeur de la discussion dans les nouvelles pratiques philosophiques. Apprendre à philosopher en discutant : pourquoi et comment?* De Boeck, 2007.
- *Débattre a partir des mythes à l'école et ailleurs*, Chronique sociale, 2006.
- *Penser par soi-méme : Initiation à la philosophie*, Chronique sociale, 1995.
- Revue Diotime : www.educrevues. fr/diotime Site : www.philotozzi.com

내 아이의 생각을 키우는

초등 철학수업

1판 1쇄 2022년 11월 22일

지은이 미셸 토치 & 마리 질베르
옮긴이 박지민

편집 정진숙 **디자인** 레이첼 **마케팅** 용상철
인쇄·제작 도담프린팅 **종이** 아이피피

펴낸이 유경희 **펴낸곳** 레몬한스푼
출판등록 2021년 4월 23일 제2022-000004호
주소 35353 대전광역시 서구 도안동로 234, 316동 203호
전화 042-542-6567 **팩스** 042-542-6568 **이메일** bababooks1@naver.com
인스타그램 bababooks2020.official
ISBN 979-11-977811-6-2 03590

레몬한스푼은 도서출판 바바의 출판 브랜드입니다.